JN127585

2006年、初めての樺太。三菱デリカに乗って間宮海峡に面したイリンスコエに至る。1856年、徳川幕府とロシア帝国が策定した国境は、ここを起点に東に延びていた。当時はクスンナイ（久春内）とアイヌ風の地名であった。西海岸の交通の要所なのに、廃れて活気がない。５月の終わりだが、陸にも海にも初夏の輝きが戻っていない（第１章参照）。

長雨でぬかるんだ未舗装の道を100キロ以上走って、やっと出会ったガソリンスタンド。ガソリン貯蔵タンクが地上にズラリ、係員は管理小屋の中にひそみ、鉄格子越しに応対した。周囲に人家はなく、強盗が怖いらしい。

未舗装の道は泥の海。深いぬかるみで何度も尻を振った。数キロ走ったら泥の跳ね返りがビッシリ付いて後部の視界は失われ、ブレーキランプもウィンカーランプも役に立たなくなる。

ところが半日も晴天が続いて路面が乾くと、土埃が猛然と巻き上がる道に豹変する。対向車が来たら大慌てで窓を閉める。

ネチャエフ著『サハリンの鳥類』の表紙。数次の調査にもとづく一次資料満載の名著。樺太北部に交雑帯があるだろうという記述が、私を樺太に駆り立てた（プロローグ参照）。

2007年には樺太全島をこの日産サファリで走り、カラスの採集を行った。1984年製の四輪駆動車で最低地上高が高く、トルクが力強い。中部から北部に通じる幹線道路は、雪解けの鉄砲水により３カ所で断ち切られていた。仮設されたバイパス道路はぬかるんで轍が深く、デリカ級の四駆車では進めない。ランドクルーザーを凌ぐ走破性をサファリは発揮した（第２章参照）。

中部のポロナイスクでは、ハンターのニコライ宅にホームステイ。

冷凍室には冬に獲ったトナカイの肉が。

酒席にはウォッカ、薬用酒、干し魚、トナカイ肉の燻製、生野菜、そして黒パン。

ニコライはウォッカの醸造装置を自作し、どぶろくを作っていた。レンジの上に圧力釜、ここから延びるパイプは中央のバケツの中でとぐろを巻いて、小さな瓶にウォッカのしずくを落とす。

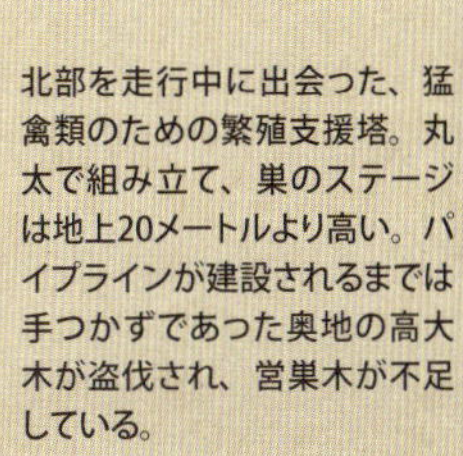

北部を走行中に出会った、猛禽類のための繁殖支援塔。丸太で組み立て、巣のステージは地上20メートルより高い。パイプラインが建設されるまでは手つかずであった奥地の高大木が盗伐され、営巣木が不足している。

駐車場は長雨でぬかるみ放題。大きな建物にはそれがドライブインであることを示す表示が一切ない

幹線道路とはいえ、交通量は少ない。小雨の中で立ち続ける道端のカニ売り。州都への一極集中が進み、地方での雇用が細っているらしい。

サハリン狩猟協会のハンティング・ハウスの一室。採集旅行のあとこの部屋で寝起きし、頭骨のクリーニングに集中した。

クリーニングの初期段階。眼にも、鼻にも刺激が強い作業だった。

サハリン州郷土博物館。壮大な建物や庭園、敗戦まで北緯50度以南は日本の植民地で、この建物に植民地統治の中枢が置かれていた。

こんなところに歴史の証人。大泊（現在はコルサコフ）にあった日本人小学校の御真影館。戦前は全国の小学校にあった施設で、天皇の写真と教育勅語を収納していた。州都の博物館に移設され、歴史教材として生き残る。

2009年、大陸側のハバロフスク地方やユダヤ自治州でカラスを採集した時は軍用車ベースの四駆車を使用した。「ウアス」という車名は翼という意味だが、名は体を表さず。見ての通りの究極の武骨車で、鉄板むき出し、必要機能に絞ったハンドル回りの簡明さに驚いた。通称はルシアンジープ（第４章参照）。

野営地で荷物を降ろしたところ。荷物室の容量が格段に大きい。

山岳地帯で道路工事現場に遭遇。荒っぽい工事で巨石がゴロゴロの悪路だが、ウアスなら何でもない。

ロシア科学アカデミー極東支部御用達のハンター。銃身が上下２本あって、上側の細い銃身が小口径用、下側が散弾銃用。

標本採集用の特製銃で２種類の弾が撃てる。つまんでいるのは鉛筆より細い小口径ライフル弾。中央の丸い穴に装填する。

間宮海峡沿岸部とウスリー川流域を隔離するシホテアリニ山脈。世界自然遺産に登録されている、日本の本州がすっぽり入るほど巨大な山塊。高度数百メートルから上は永久凍土帯で、カラマツが立ち枯れてハリネズミの山容を示す。ハシブトガラスには定住できない環境。

ウスリー川流域の景観。ほぼ平坦で緩やかな丘陵もある。農耕地や草原が広がり、ところどころに森林がある。カラスの繁殖のための餌場と巣場所がシホテアリニ山脈と違って随所にありそうだ。

極東ロシアではゴミは無分別回収して野積みにする。乾燥後、焼却して覆土するという方式。金属ゴミの再回収人とカラスが集まる。

シホテアリニ山脈の山中で悪天候に見舞われ、製材所所有の払下げ軍用車両「シホテアリニ山中ホテル」に連泊した。

ホテルへのエントランスは牽引アーム。

ホテルにはサウナもあるが、水を運ぶのも薪で焚きつけるのも宿泊者。

蒸気発生装置は簡便かつ頑丈で、熊がいじっても壊れないだろう。

製材所に居ついた野良犬たち。つい最近、１頭が忽然と消えたという。人間にすり寄ることで餌と安全を確保しているらしい。

ホテル周辺に出没したアムールトラの足跡。比較のために虎マッチの箱（35ミリ×55ミリ）を置いて撮影した。

ハバロフスクより下流のアムール川の景観。地形が平坦なので、流れはとても緩く、川幅が信じられないくらい広い。河原は握りこぶし大の礫、それより小さい小石。砂、泥からなり、琥珀が混在している。

十五分探せばこの通り。

幹線道路わきの魚屋さん。手前の看板には「新鮮な魚」と書いてある。燻製や天日干しがつり下げられ、足元の箱の中には生魚も。すべてがアムール川で獲れた淡水魚。

おぞましい初期段階のクリーニング作業。同じ机でランチをとる。

クリーニングの仕上げでは、重曹入りの風呂に頭骨を入浴させる。

間宮海峡
宗谷海峡
0　1,000 km
ツンドラステップ
ツンドラ、疎林をともなうステップ
ステップ
砂漠、半砂漠
冷温帯林
照葉樹林（暖温帯林）
朝鮮海峡
陸地化した東シナ海

最終氷期の一番寒い時期には海水面が120メートルも下がった。間宮・宗谷・朝鮮海峡は陸橋に変わり、図のような海岸線になった。ハシブトガラスはどこで生き延びたのか？（第６章参照）

丸裸のハシブトの雛（左）と、ダウンをまとったハシボソの雛（右）。この違いがもたらしたものは？（エピローグ参照）

（ともに宮崎 学著『カラスのお宅拝見!』 新樹社より）

謎のカラスを追う

頭骨とDNAが語るカラス10万年史

中村純夫［著］

築地書館

樺太（サハリン）での採集ルート

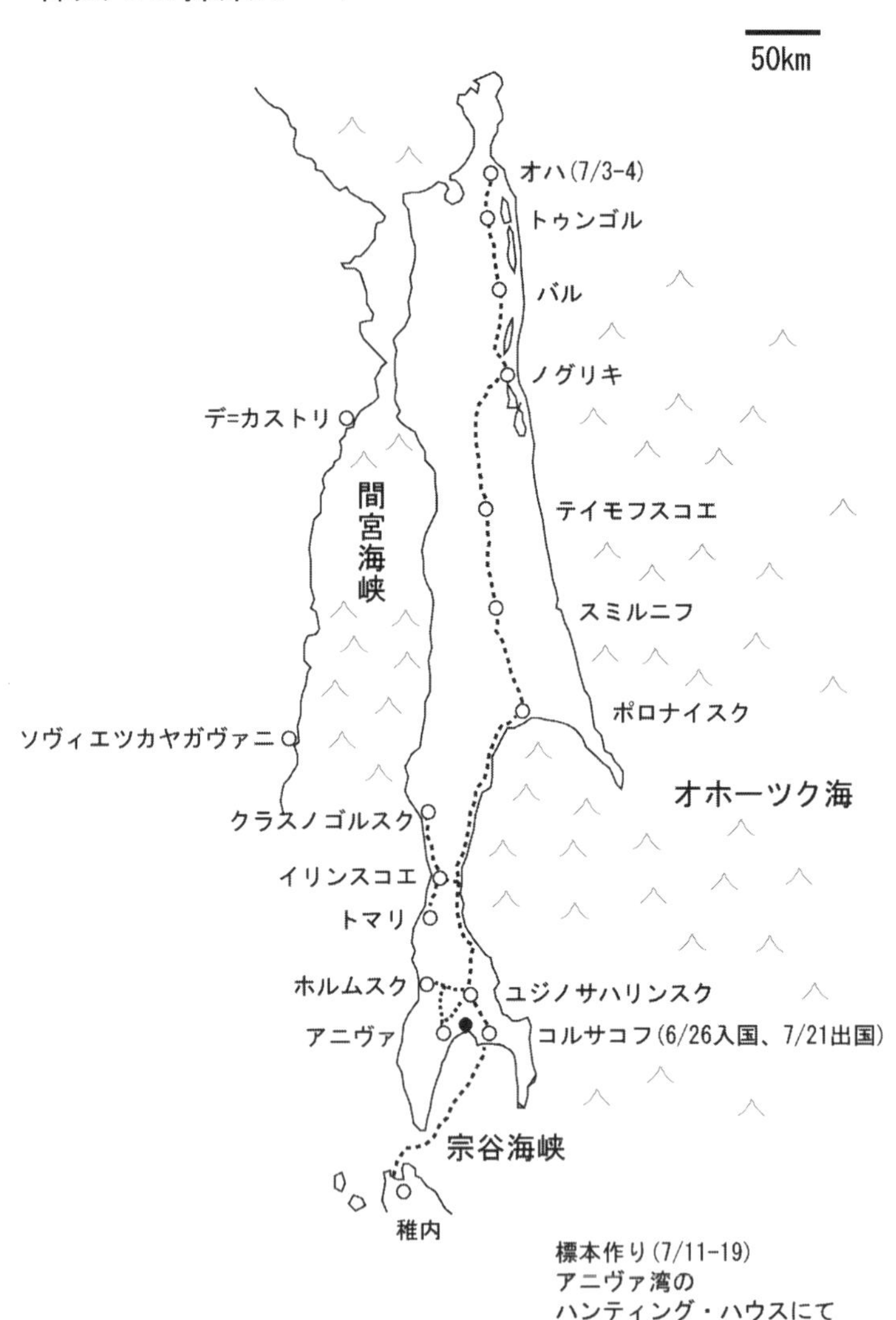

大陸側での採集ルート

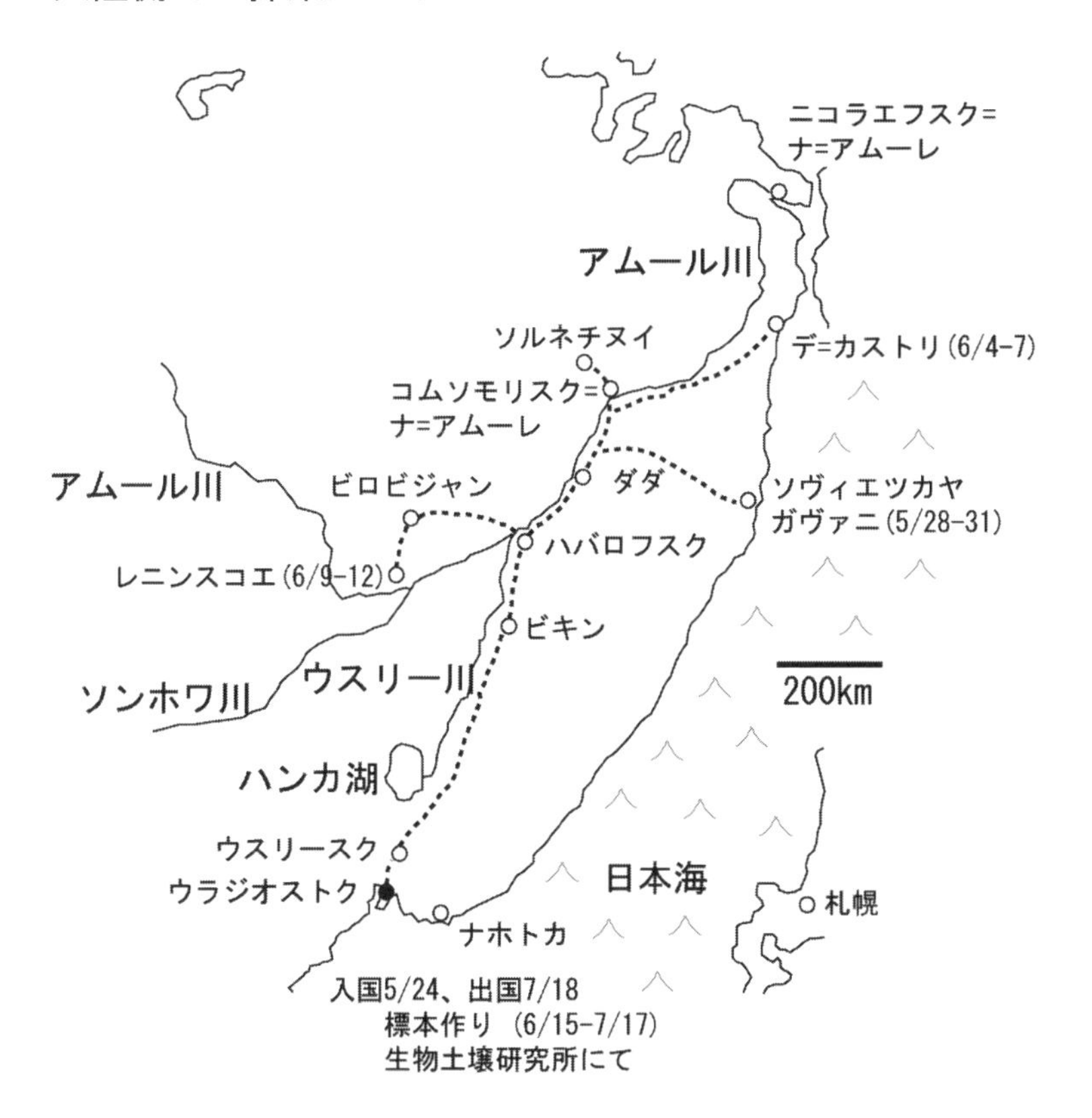
ニコラエフスク=
ナ=アムーレ
アムール川
ソルネチヌイ
デ=カストリ(6/4-7)
コムソモリスク=
ナ=アムーレ
アムール川
ビロビジャン
ダダ
ソヴィエツカヤ
ガヴァニ(5/28-31)
ハバロフスク
レニンスコエ(6/9-12)
ビキン
200km
ソンホワ川
ウスリー川
ハンカ湖
ウスリースク
日本海
ウラジオストク
札幌
ナホトカ
入国5/24、出国7/18
標本作り (6/15-7/17)
生物土壌研究所にて

プロローグ　North to Sakhalin

交雑帯はエル・ドラド

生物を学んでいない人ですら、ダーウィンから進化論を、メンデルから遺伝の法則を連想する。内容を知っているかとなると、大学を卒業した人でも怪しいのだが、それはともかく二人の知名度は高い。現代生物学の二つの屋台骨である進化と遺伝の創設者なのだから当然である。現代では生物学の研究領域は細分化され、それぞれの研究者は蛸壺のように狭い領域内で、プロとしての高い完成度を持つ成果をあげようと努力している。日常的にはローカルな課題に取り組みつつも、グローバルな課題である進化や遺伝との関わりも忘れない。

種分化という研究領域では二つの課題、進化と遺伝が交錯する。聖書の創世説ではすべての生物は神がアダムとイブのために創造したことになっている。ダーウィンの一世代前までは創世説が学会の公認で、ラマルクのような進化論を唱えた先覚者はキュビエなどの学界の重鎮から袋叩きにあった。恐竜の化石などはノアの洪水が何度も起きた証拠であり、罰当たりな生物は神の怒りをかって滅んだのだと説明されてきた。そうだとしたら、神は原初に膨大な数の種を創造し、時とともに種の数は減少してきたことになる。しかし、現在では創世説は宗教上のドグマとなり、科学研究の指針ではない。現代の生物学は原初に一つの生命体が誕生し、これが分化を繰り返して多くの種を生み出したとみなしている。種分化を研究すれば、進化と遺伝についての理解を深めることができる。

種分化が起こるきっかけの一つが気候変動である。間氷期の暖かい時期に広い範囲に連続的に分布していた集団が、氷河期が到来した時、氷床や砂漠により分断されることは珍しくない。最近の三百万年の間に何十回となく起きた。分断されると遺伝的な交流が絶たれるので、分断された集団内では遺伝的変異が別々に溜めこまれてゆく。ある臨界量に達すると、それぞれの集団は別の種となってしまう。そうなると、自然状態で別々の集団に属する雌雄が出会っても交雑は起こらない。気候変動による隔離が長引くことで、一つの種が複数の種に分化してきた。

氷河期に別々の狭い避寒地にとじこめられていた集団はつぎの間氷期の訪れとともに分布域を拡大してゆく。久し振りに、たいていは十万年以上の別離の後であるが、二つの集団が出会うことが起きる。出遭っても別々の種となっていれば、もはや赤の他種（他人）であり交雑は起こらない。しかし、別種の水準まで変異の蓄積が進んでいないと、交雑が起こり、子どもが生まれる。その子どもたちが稔性（繁殖能力）を持つなら、二つの集団の分化は不完全であったことが明らかになる。

少し話が抽象的になったので、身近な具体例を紹介しよう。約二十万年以前に出アフリカしたネアンデルタール人はヨーロッパから中近東にかけて広域に生息し、数万年前に滅んだということになっている。欧米の研究者の多くは、絶滅の原因は自然選択によるのだと説明してきた。前世紀の中頃には、われわれの祖先は生まれながらに殺し屋であり、ネアンデルタール人と共存共生の道を選ばず、異形の者たちを皆殺しにしたと考えた。前世紀末になるとオリエンタリズム批判の余波であろうか、ジェノサイド説は影をひそめ、絶滅の説明はエレガントになった。急速に発達した生化学は現生人類が遺伝的に優れていることを証明する遺伝子を探し出してくれた。類人猿と現生人類の遺伝子を比較し、彼らに無くて、われわれに有るものを探し出した。いくつかの有望な遺伝子が「発見」され、それらの遺伝子は言語能力や道具の製作、社会的コミュニケーションに関係しているという。そうした遺伝子を欠いていたネアンデルタール人は、現生人類との生存競争で敗れたのだと推理した。しかし、化石としてしか残っていないネアンデルタール人の遺伝子を復元するのは難しいし、全遺伝子配列が復元されるのはいつになるか見当もつかない。生化学者の主張する現生人類だけにある遺伝子が、ネアンデルタール人になかったという直接の証拠はない。先住のネアンデルタール人は類人猿よりもはるかにわれわれの側に近く、有望な遺伝子を共有していた可能性のほうが高い。欧米の研究者はネアンデルタール人に対する偏見が伝統的に強く、彼らが復元した顔や姿勢には類人猿的要素が積極的に取り込まれてきた。われわれとは別の、現生人類より進化的に一段階低い生物と見なしたいらしい。

これは本当なのだろうかと果敢に疑問を発したのがスヴァンテ・ペーボだった。彼はネアンデルタール人と判定されている化石人骨から、バラバラになって変質もしていたDNAを抽出し、解読することに成功した。解読に成功した部分を現生人類と比較することで、ネアンデルタール人とわれわれの祖先が交雑していたことが明らかになった。先住のネアンデルタール人のテリトリーに、中央アジアから分布域を拡大してきた現生人類の祖先が侵入した。分布が重なる地帯では共存共栄したり、対立抗争したりしたのだと思う。両集団の祖先が分かれたのは数百万年前という遠い昔ではなく、せいぜい数十万年前のことであったから、別種となるまでには至っていなかった可能性が高い。容貌やコミュニケーションの方法がかなり変わっていても、交雑は起こりうる。以後数万年にわたって交雑が続き、両集団の分布が重なる地域は拡大していったというシナリオのほうが自然である。両集団は融合してゆき、区別がつかなくなるほどに遺伝的に混交が進んだのだろう。戦争ばかりでもなく、平和ばかりでもない関係である。交わりつつも、殺し合ってきた人類の歴史を振り返って見ればいい。

もっと新しい例があった。コロンブスの「新大陸発見」に続くスペイン人の中南米への侵入で生まれた交雑帯である。スペイン人の祖先とアメリカ先住民の祖先が分かれたのが中央アジアだとしたら、二つの集団の隔離期間は約十万年である。それほどの隔離があっても、スペイン人の男と先住民の女が交雑するのに何の障害もなかった。顔つきも、話す言葉も、習慣も大きく異なっていたのに。この場合も、両集団は別種の段階に至るまで変異を溜めこんでいなかったのである。

生物の二つの集団は、どこまで変異を溜めこんでいったら別の種に分化したと言えるのだろうか？ネアンデルタール人と現生人類の祖先が出遭った時、スペイン人とアメリカ先住民が出遭った時、両集団の変異の蓄積は種分化のレベルにまで達していなかった。別種になったか、なっていないかを知る手がかりが、交雑帯に隠されている。残念なことであるが、今あげた二つの事例は過去のものであり、交雑の実態を復元するのは容易ではない。しかし、人類以外に視野を広げれば現在進行形の交雑帯は存在する。ヨーロッパの中央部には全身真っ黒のハシボソガラスと黒と灰色のズキンガラスが交雑帯を形成している。その地域での研究からは、多くの新知見が得られている。交雑帯は種分化の研究者にとってエル・ドラド、黄金郷である。

名前からして謎めいたマンジュリカスというカラス

バードウォッチャーでもない限り、カラスはカラスでしかない。しかし注意して身近のカラスを観察すれば、カァーと澄んだ声で鳴くのとガァーと濁った声で鳴くのがいる。前者の嘴は太くて湾曲が強く、額がつき出しているように見える。ハシブトガラスという和名を持つ。後者の嘴はやや細くストレートで、額の突き出しはない。こちらはハシボソガラスと呼ばれる。この書の主役はハシブトガラスである。ハシブトガラスという種の分布は広大で、西はアフガニスタンから、インド、東南アジア、東アジアそして北東アジアにまで及ぶ。多様な環境に適応するために努力した結果、地域によって微妙に異なるハシブトガラスが生まれた。分布域の北辺には二つのタイプ（亜種）が生息している。

日本列島のジャポネンシス japonensis、亜種名を登録したのはボナパルトで一八五〇年、北海道で採集した標本に基づいている。幕末の北海道で酔狂なフランス人がカラスを撃っていたのである。この亜種の和名はハシブトガラス。一方、大陸側のマンジュリカス mandshuricus の亜種名を登録したのはブチューリンで一九一三年、沿海州で採集した標本を使っている。帝政ロシアの末期のことであり、この九年前には日露戦争が起きている。帝政ロシアは第二次アヘン戦争の仲介役を務めた代償として沿海州を清から掠め取り、この地方に Primorsky というロシア風の名前を与えた。死んだも同然の清に、ハゲタカのように列強が群がって内臓を奪い合っていた時代である。清が支配していた満州 Manchuria をめぐって争っていたのが、帝政ロシアと日本である。一九一〇年には日本は韓国を併合し日本の植民地にしたが、これは満州併合の伏線だった。この亜種の和名はチョウセンハシブトガラスで、山階芳麿（侯爵）が名付けた。

耳慣れない単語をゴロゴロ並べたのは、読者の頭をかく乱させようというわけではない。命名がでたらめだから理解しづらいことを示したかった。亜種名にはその亜種の生息地域名を割り振ることが多い。だからブチューリンは mandshuricus（満州の）でなく primorskie（沿海州の）と命名すべきだった。満州を呑み込もうと虎視眈々の母国帝政ロシアへ迎合したのだろう。和名のチョウセンハシブトガラスも不自然で、亜種名登録を尊重してマンシュウハシブトガラスと命名すべきだった。ここにも韓国併合後の日本社会の異様な空気が感じとれる。満州とか朝鮮という地名を冠したからには、この亜種の分布の中心は満州か朝鮮半島でなくてはならない。残念ながら二十世紀初めの頃のこの亜種の分布中心がどこかは判っていないが、満州も朝鮮も分布の中心ではなかったと思う。これらの地域は昔も今も森林植生が貧弱で、森林性のこの種にとっては住みづらい地域である。大陸側のハシブトガラスの亜種は学名も和名も当時の政治状況に翻弄されている。不本意だが、本書では登録亜種名で通すことにしたい。

謎が多いのは名前だけではない。実体である剝製標本に付いたラベルは更に謎めいている。山階鳥類研究所の標本室でハシブトガラスの標本を見せてもらったことがある。朝鮮半島で採集されたマンジュリカス標本に奇妙な二個体が含まれていた。他に比べて明らかに小柄なのだが、他の大柄の標本と同じラベルがついていた。似たことが樺太南部で採集された標本でも認められた。樺太には亜種ジャポネンシスが生息していると考えられている。剝製標本はどれも大柄であったが、一個体だけ極端に小柄な標本が混在していた。これまた、他の大柄の標本と同じラベルがついていた。いずれの場合も、大きさの違いがはなはだしく、別亜種の可能性が疑われる代物であった。

マンジュリカスとジャポネンシスが樺太北部で出会っている?

氷期には満州、沿海州、樺太、北海道は氷雪に覆われて、カラスは生息できなかったので南方に避難した。氷期が終わって温暖化すると北方への再定住が始まる。列島沿いに北上したのがジャポネンシスで樺太まで分布を広げた。朝鮮半島から沿海州沿いに北上したのがマンジュリカスで、間宮海峡沿岸部まで再定住していった。二亜種の境界線は間宮海峡で、日本列島と樺太にはジャポネンシスが生息し、大陸側にはマンジュリカスが生息している。このような構図を描き出したのが、ヴォーリェという偉大な鳥類学者である。彼はスミソニアン博物館所蔵の剥製標本に基づいて、分布域を確定しただけでなく、両亜種を判別する簡明な基準も発見した。嘴の長さと高さを比較したところ、ジャポネンシスの一番小さい標本は、マンジュリカスの一番大きい標本より大きかった。ジャポネンシスはマンジュリカスに比べ、圧倒的に大きいということである。

前世紀の後半に樺太で鳥類の調査をしたロシア科学アカデミーのネチャエフは、マンジュリカスが海峡を渡って樺太北部に侵入している証拠を得た。彼は先住のジャポネンシスと一緒に繁殖している可能性があると考察した。事実とすれば、交雑帯があるということだ。樺太北部に本当に二亜種が出会って交雑帯がつくられているとしたら、樺太は進化の研究者にとってエル・ドラドである。交雑帯を確認するだけでも金鉱（優良な研究フィールド）を掘り当てたことになるし、その後で交雑帯の繁殖生態を研究したら良質の金（論文）が沢山掘り出せるだろう。

二十年近く続いた教員とインデペンデントの二足の草鞋を脱いだ二〇〇六年の初夏、私が向かったのは樺太だった。金鉱を掘り当てるのだ。進化に直結したテーマの論文をザクザク出版できるだろう。一山当てるのを夢見て北に向かう。半世紀前にジョン・ウェインが主演した映画「North to Alaska」はアラスカのゴールドラッシュが舞台だった。映画はB級だったが、ジョニー・ホートンの歌った同名の主題歌は大ヒットした。あの歌とノリは同じ、違うのはNorth to Sakhalinだ。

目次

プロローグ　North to Sakhalin

第1章　初めての樺太（サハリン）

第2章　南北一〇〇〇キロの島を一往復したカラス採集行

第3章　ご破算

第4章　コンコルドの失敗か?

第5章　頭骨小変異と係数倍で謎が解けた

第6章　学際協力

第１章　初めての樺太（サハリン）

近いけれど遠く、現実なのに蜃気楼のような樺太。

江戸時代の終わり、間宮林蔵が樺太は大陸から突き出した半島でなく、島であることを明らかにした。

この島の北部に、ハシブトガラスの２亜種が交雑帯を作っているという。

進化の研究で一旗揚げることを夢見て、交雑帯探しに樺太に渡った。

樺太中部、長雨で泥の海になったダート（未舗装路）を行く。左右に広がるのは放棄された集団農場の跡地。

1　ゼロから立ち上げる

生物学を志したのは三十八歳の頃で、高校教員で稼がないことには家族を養うことができない境遇であった。二十年ほど、稼業と研究の二足の草鞋を履いてきた。早く本格的な研究、謎解きに挑戦したいという思いが募っていった。ロシア語の常用句、「ズィーズィン・アドゥナ（人生は一回）」は事の軽重にかかわりなしに使われる。女性がおいしそうなケーキを前にして、肥えるのは怖いけれど食欲に負けてエイと手を伸ばしたときの言い訳としての用法は軽い場合である。私は定年まで勤めたら得られる収入と引き換えに、元気なあいだの自由な一年を選んだ。そして、研究は十年くらいかかるだろうと踏んでいた。

退職後どんな形で研究生活に入ってゆくかについては二つの選択肢があった。大学院博士課程への進学は経済的な負担も大きいが、気質的にも大学院で学ぶのは合わなかったので止めた。もう一つはインデペンデント・リサーチャー（大学にも研究機関にも所属しない研究者）であり続けること。これなら手持ちの研究資金を文部科学省または私学当局に学費として貢がずに、全額研究に投入できる。でも、博士号をとるのは無理かもしれない。博士課程を修了したら博士号の取得は難しくないようだが、論文審査だけでの博士号取得は簡単ではないだろう。とは言え、自分が挑戦したいのは謎解きであって博士号ではない。真実探求を優先して、より大きな謎にトライしてみよう。もしも、夢見るような業績が上がらなかったとしても、それはそれで運がなかったとあきらめるしかない。四の五の悩むことはない。私はどこにも属さないインデペンデントを続けることにした。

解き明かしたい謎は研究を進めてゆく過程で移り変わっていった。二〇〇六年春の段階では、「サハリンのハシブトガラス二亜種の交雑帯の確認、交雑帯維持の仕組みの解明」という研究テーマが頭の中にあった。二〇〇二年に岩佐という研究者が中心になってまとめた「東アジアのハシブトガラスの分子系統学的研究」という論文の中で、樺太には二亜種の交雑帯がありそうだという推測がなされていた。

極東の片隅の、あるかないかもわからない交雑帯に挑戦するというのは今から思うと無謀だった。体制が変わってロシアになったとはいえ、個人でロシアへ旅行するとなると簡単ではない。イタリアもスペインも旅行名目の滞在なら三カ月まではパスポートだけで済む。特別な手続きはいらない。しかし、ロシアへ行くにはビザを取得しなくてはならない。戦後史を紐解いて気付いたのだが、日本とソ連（現ロシア）間の戦争状態は完全には終結していない。文科省の意向を反映している中学生、高校生向けの地図帳を開いたら明白である。日露国境線は樺太中部の北緯五〇度と宗谷海峡の二カ所にひかれている。戦前まで樺太南部は日本統治下にあった。大泊をコルサコフ、豊原をユジノサハリンスクと呼ぶようになったのは戦後のことである。半世紀以上も前に戦争は終わっているのに、国境線が国際法的には未確定になっているややこしい地域である。入国からして簡単でないそんな地域に、大学や研究機関の支援なしに単騎で飛び込んで行くのだから、それなりの覚悟が必要であった。しかし、私は常々思っている。あることに挑戦しようとする時に、やめておこうという口実はいくらでもあると。危ないからやめておけ、見込みがないから別のもっと堅実なものに取り組め、命の危険もあるからもう少し様子を見ておけと。けれど、干支が猪なのにこじつけて、猪突猛進は自分の宿命と割り切っている。

樺太での交雑帯研究を決断した時、私が描いていたのは次のような構想だった。一年目の二〇〇六年初夏に樺太に渡り予備調査をし、現地の情報を収集する。二年目の二〇〇七年夏に樺太全島で標本採集を行い交雑帯の位置を確定する。三年目の二〇〇八年からは交雑帯のある地域で繁殖期に生態調査をしていく。このプロジェクトはゼロから始まる。予備調査がどうなるか、全島での標本採集ができるのか、視界不良である。その更に先、三年目以降は視界不良どころか、深い霧のなかにあった。

さて、初年度の予備調査、どう進めたらいいのだろうか。二〇〇六年三月末の退職後に準備を開始したのでは、二〇〇六年のシーズンを棒に振ることになる。そこで、前年の秋から情報収集を開始した。樺太での調査経験のある松尾武芳、梶田学らとコンタクトをとった。旅行手続きをしてもらえる現地の旅行社、ガイド、ハンター、研究者などを紹介してくれた。総じて鳥の研究者は親切である。彼らは照会した事柄だけでなく、更に役立ちそうな情報も教えてくれた。日本国内では入手不可能な樺太やクリル諸島の詳細地図も分けてもらえた。現地との連絡は電話回線が気まぐれで頼りなかったが、電子メールが使えたので助かった。

二人のガイドの名前とメールアドレスが入手できた一月から、ガイド選定を本格化させる。樺太へ標本採集や標識調査で出かけた鳥の研究者のほとんどは彼らの支援を受けている。ヴァシーリーは生物学関係の高等教育を受けた人物で、ガイドを引き受けてもらえそうだった。ところが、四月末になって健康不安から辞退の連絡がきた。前後して、それまで連絡のつかなかったイリヤ・ボヤルキンとコンタクトがとれ、ガイドを引き受けてもらうことになった。彼は優秀なハンターであるとのこと。後日わかったことだが、ヴァシーリーからイリヤへの土壇場での変更は幸甚なことだった。

現地の旅行社 Turibito は日本からの旅行者の手続きに慣れていた。パスポートのコピーをファックスで送ると、一週間ほどでインビテーションが送られてきた。それとパスポートを持ってロシア領事館に行ってビザを申請する。二週間後にビザを受領してコピーをTuribito社に送る。これで完了である。簡単なようだけれど、初めてのことだからミスも起こる。書類を準備して遠路二時間かけてバス、電車、モノレールを乗り継いでロシア領事館に行ったら、「午前中でビザ業務は終了です」とのご宣託。怒っても仕方がない。慎重さが足りなかったことを反省するしかなかった。

ビザが発給されれば、準備を本格化しても大丈夫である。出発まで三週間あるから、手抜かりのないように慎重に進めたい。先ずは野営が想定されるので梅田のモンベルに行く。シェラフの購入である。還暦前という年齢と北海道よりも北の島ということを考慮して寒冷地用を選ぶ。準エベレスト級の耐寒性のある代物である。地面の凹凸と断熱対策としてシェラフマットも欠かせない。蚊の大発生にぶつかるかもしれないのでモスキートネットも準備しておくべきだろう。キャンプでどんな食事が提供されるか想像できないから、非常用にレトルトご飯三食分と小瓶のクレージーソルトも用意しておこう。保険のようなもので、用意しておけば使うことにはならない。

次に書店。露和辞典を買い求める。盗人をつかまえてから縄をなうようなものだけれど、無駄な抵抗でもやらんよりはやったほうがいい。ロシア語のラジオ講座、週四回を昨年の四月からやってきたが、今の程度では旅行会話もおぼつかない。しかし、辞典を持って行ったら、英語で通じないところをフォローできるだろう。これまで現地との連絡は英語で済ませてきた。彼らは日本語を全く話せないし、こちらのロシア語は幼稚園児以下の水準である。双方が不十分ながらわかり合えるのは英語だけだった。しかし、郷に入れば郷に従えである。ロシアに行ったら片言でもいいからロシア語を使わなくては、気持ちは通じない。

出発の十日前には日帰りで千葉県我孫子市にある山階鳥類研究所を訪問した。茂田良光からは樺太の情報を、山崎剛史からはカラスの形態計測や頭骨標本について教えてもらった。山階鳥類研究所を訪ねたもう一つの目的は、二〇〇二年の岩佐論文の共著者、柿澤亮三に会うことだった。彼とは以前に二度会ったことがある。ところが生憎と、玉川大学に転職した後であった。後日、メールを出して疑問点を照会したが、詳細な回答ではなかった。すでに鳥類学から撤退して関心が失せていたのかもしれない。第一著者は住所もメールアドレスも変わっていて連絡が取れない。残る二人の共著者のうちアレクセイ・クリュコフはウラジオストクにいるらしく、会うことは不可能だった。北海道大学の鈴木仁とは面識がないけれど、彼に会うしかない。樺太に行くときに札幌を経由するから、往路か復路に訪ねてみればいい。面会希望のメールを出すと快く受け入れてくれた。ありがたい。出発前にサハリン州立大学のサフロノフと会う手配も済ませた。しかし、嘗て北海道大学に留学していたロシア人で行政機関に顔がきき、走破性の高い車両を持っているという人物とは連絡が取れなかった。現地で聞いたところでは、原油開発絡みのアセスメントで多忙らしい。研究者を廃業したのか、用心深いのか、銭にならん事には関心がないのかは不明である。

出発の直前まで旅行社との交渉は続いた。カラスの試験的採集は可能になったが、収穫物を日本に持ち帰るのは無理だという。山階鳥類研究所がロシアの研究機関と共同で行った調査ですら、DNA試料の日本への持ち帰りが出国時に許可されず、イリヤが預かったくらいだから仕方ない。最後まで粘り強く交渉したのは樺太北部まで行く件だった。道路事情が悪くて、特殊な車両でないと北部までは行けないという。交雑帯がありそうなのは北部だから、どうしても行きたいと頼む。五〇％予算を増額して特殊車両を借りるなら可能だと逆提案された。北部行きは諦めるしかなくなった。

初めての樺太への旅で達成したい目標を三つに絞り込んだ。

・必要数のカラスを銃猟で採集できるかどうか
・どれほどの数のカラスが、どのような環境で生息しているか
・全島で標本採集するための手配、必要資材の確認、研究者たちとのネットワーク作り

思いつくのはこれら三項目だった。

2 たった四時間で異次元の世界に 二〇〇六／五／三十（樺太初日）

稚内港には二つのターミナルがある。利尻や礼文行きは北突堤に、樺太（サハリン）行きはJR稚内駅よりも更に南にある外航船ターミナルから出航する。宿からは遠いし、荷物もあるのでタクシーで行くことになる。乗客用の待合室は小さなプレハブであった。初めての稚内で「遠くに来たな」と実感したのは道路の案内標識を見たときである。日本語とロシア語の併記になっている。しかし、街中にロシア人がウヨウヨいるわけではない。ところがフェリーターミナルに来て驚いた。すでに到着していた乗客のほとんどがロシア人である。続々とやってくる面々もたいていがロシア人である。どのロシア人も荷物が多い。新品の家電製品とおぼしき未開梱の段ボール箱を数個抱えている者も少なくない。私が目にしているのは日露担ぎ屋貿易だった。それが本業のものもいるだろうし、旅行経費を補てんしようという輩もいるのだろう。ソ連以来の負の遺産で、ロシアの民生産業は立ち遅れている。銃砲、地雷、戦闘機、ミサイルなどは今も国策的に保護されて軍需産業は外貨の稼ぎ手である。「死の商人」的国家として、中東紛争では平和の構築よりも紛争の泥沼化を画策するような外交を進めている。原油・天然ガ

ス・兵器輸出に依存して経済が回っているから、自動車、家電などの民生部門が立ち遅れてしまう。経済の凸凹を埋める役割をこうした担ぎ屋が果たしている。日本の量販店やディスカウント店で買って、サハリンに持ち込んだら相当の利ザヤで売却できるのだろう。

狭い待合室で手持無沙汰にしていると、隣に座ったおばあさんが話しかけてくる。容貌も言葉も日本人で、七十歳代半ばくらいであろうか。身なりが良く、背筋もピンとしている。新潟に法事で来て、サハリンに戻るところだという。彼女はロシア人には辛口であった。外見は立派に見えても、呑兵衛の怠け者ばかりだと斬り捨てた。新潟で生まれ、樺太に渡り、朝鮮人と結婚している。樺太の日本人は終戦間際のソ連参戦で根こそぎにされた。日本に逃げ帰れなかった女性は殺されたり強姦されたり、男性はシベリアや中央アジアの収容所に送られて苛酷な労働を強いられた。彼女は旦那が朝鮮人だったので、最悪の事態は回避できたのだろうか。しかし、サハリンの朝鮮人には大陸から植民してきたロシア人と同水準の権利がないらしい。ロシア人からの差別で悔しい思いを幾度も体験したのだろう。

日本人にとって欧米や南米の国々への旅よりも極東ロシアへの旅は遠く感じられる。稚内から朝に船に乗れば昼過ぎには着いてしまうほど近い土地なのだが、空気が違う。稚内を出港したフェリーは四時間足らずでコルサコフ港に着いた。稚内とコルサコフの落差に面食らう。フェリーの到着埠頭と税関事務所は一〇〇メートルもない距離だけれど、下船した乗客はバスに乗せられる。そのバスが古びてガラス窓は汚れ放題でひびも入っている。荷物はトラックに積み込むように指示される。バスを税関の手前で降りて、後続のトラックから各自が荷物を受け取る。そして、税関審査の行列に並ぶ。税関の建物は稚内とは比較にならないほど古ぼけてくたびれていた。ロシア人はしっかりと荷物検査がされているが、日本人旅行者の私はフリーパスであった。パスポート審査も形ばかりで済んだ。旅客待合所へのゲートを出る。サハリンに着いたぞという感激が湧いてきてもよさそうなのに、全然ない。ここの旅客待合室が、五十年前の故郷の木造駅舎、東武東上線武州松山駅（現・東松山駅）にそっくりなのだ。幼少期にタイムスリップしたような錯覚、懐かしさがフラッシュしてめまいが起きた。

待合室には旅行代理店 Turibito のユーリー・ビシニャコフとガイド兼ハンターのイリヤ・ボャルキンが待っていた。片言ながらロシア語であいさつして、握手を交わす。二人とも日本人旅行者を相手にするのは慣れているようである。どんな人物なのか、お互いに手探りである。これから一週間ほどは一緒に旅をすることになる。その間に気心は自然とわかってくるはずである。先入観は持たないほうがいい。

無難な話題はお天気である。彼らが言うには、今年のサハリンは夏の訪れが遅いとのこと。朝の稚内は晴れていたのに、ここコルサコフの天候は少し肌寒い曇り空。われわれは Turibito 社の三菱デリカに乗り込む。人も荷物もたくさん積み込める四輪駆動車だけど、本格的なヘビーデューティ車ではない。それでも、日本ならどこにでも行ける車である。港から一路、州都ユジノサハリンスク市へ向かう。片側二車線の舗装道路は良く整備されて、両側の路側には一車線分のダート（未舗装）もある。コルサコフ・ユジノサハリンスク道路を走った限りでは、北部は道路が悪くてデリカでは行けないという説明が信じられない。それからもう一つ、行き交う車を見ているうちに日本国内を走っているような錯覚に襲われた。車の九割以上は日本車である。車が道路の右側を走っているから日本ではないのだと言い聞かせる。噂通り、極東ロシアでは日本の中古車がはばを利かせていた。

不意に車は減速して道路から右に外れ、ガレージ兼事務所という愛想のない建物の前で止まる。看板はないがTuribito社の事務所らしい。車の中で旅行経費の支払いを要求される。ユーリーに現金を渡すと、車から降りて事務所に消えた。数分で戻ってきて小さな紙切れを渡される。領収書らしい。車の中で大金をやり取りするなんて映画の中での銃や麻薬の密売人のやることと思っていたら、それとそっくりのことを自分がやっている。不法取引をしているわけではないが、リアリティが感じられない。日本だったら、遠来の客は事務所に通してお茶の一杯も出してから、現金の授受と領収書の発行となる。しかし、極東ロシアでは初対面の客を事務所に通すのは危険で軽率な行為なのだろう。それに節税上(というより脱税上)、正式な領収書は出さなくて済むなら出さないのかもしれない。車は再び州都への道に戻る。しばらくして左に折れて、大規模な集合団地に入る。団地内に入ってまず驚くのは道路が悪いこと。直径一〇メートルの水溜りを車は慎重に避けて通る。日本の調子で不用意に水溜りに入ったらとんでもないことになりそうである。団地内には見苦しいスプレーの落書きがここかしこに。日本であれ、欧米であれ、この手の落書きは「よそ者、夜間外出危険」の標識と考えて間違いない。どの棟も五階建てで、金太郎飴のようにそっくりである。団地内を分け入って、とある棟の前で車が止まる。イリヤの家はこの棟の中らしく、ここで彼は車を降りる。

このあとユーリーは駅前のホテルに送ってくれた。私のロシア語は実用レベルには程遠いので、面倒なロシアでの滞在申請や宿泊手続きはユーリーにやってもらうしかない。ロシアの宿代は日本や欧米の基準からしたら滅茶苦茶である。外国からの旅行者からはできる限りぼったくろうという仕組みになっている。インデペンデントの身分だから州都で一番安いホテルに予約していた。こぎれいで清潔な宿に泊まろうと思ったら、一泊数万円の宿代を払わなくてはならない。私は、清潔も快適も安全も犠牲にしてモネロンというホテルにした。旅のブログを調べると、危険とか怪しいという形容がつけられていて、身構えないといけないらしい。ともかく、滞在許可を獲得するために最初と最後だけはホテルに泊まる形式が必要だった。受付でユーリーが手続きをしている間、周囲を観察する。フロントロビーの片隅には濃い化粧の怪しげな美女がたむろしていて、奥にはカジノもある。鍵を受け取り翌朝の合流時間を確認した後、ユーリーは帰った。狭い階段を上がり、部屋に入ろうとする。鍵がうまく合わない。鍵の番号と部屋の番号は同じだから開くはずなのだが、暫くガチャガチャやっていたら何かのはずみで錠が開いた。部屋は狭くてシャワーもトイレもなく、照明は暗い。小さいブラウン管式のテレビは映りが悪くチラチラと斜めに雨が降っていた。廊下では宿泊者の子どもが駆け回り、親の叱る声が響く。私は極めて庶民的な極東ロシアにワープしたらしい。

廊下や部屋の閉塞感を和らげてくれたのは窓だった。ユジノサハリンスク駅前の公園を見下ろせて、視界が広い。公園の手入れは良くないけれど、面積はたっぷりある。帝政ロシア、「社会主義」ソ連では国家機関の庁舎、大学、駅舎などには権力者のメッセージが込められていた。周辺と不釣り合いなほど居丈高に作られている。この駅前公園も同様である。ロシアになってからは維持管理の予算が不十分なようで、ゴミの散乱が目につく。高いポプラの並木は美しいけれど、強風で折れた幹や大枝が宙ぶらりんになっている。閉め切った窓越しだが、風が強くなってきたのはポプラの大げさな揺れでわかる。紙くずが吹き飛ばされて、高く高く舞い上がってゆく。空は重苦しく不愛想で、五月も終わりというのに寒々としている。夕食をとりに駅前に出た。カジノはあってもファストフード店はない。州都の駅前なのに、コンビニで手軽に弁当を買うようにはいかない。英語で対応してくれる店員などは皆無で、散々な買い物だった。欲求不満のお腹をリュックの中の非常食でなだめて、早々とベッドにつく。このベッドが驚き桃の木、長さは日本と変わらないけど、呆れるほど幅が狭い。恰幅のいいロシア人が寝たら両肩がはみ出すはずだ。くつろげる環境ではなかったのに、意外と早く眠りにつけた。夜中に一度だけトイレに起きたときの、廊下の寒さと裸電球が印象に残っている。

3　易しくないカラス撃ち（二〇〇六／五／三十一）

翌朝はやや早く目が覚めた。風は少し弱くなっているが小雨交じりで寒々としている。駅前の公園に散策に出る陽気ではない。ベッドにゴロンとなって、これから始まる予備調査について考えをめぐらす。出発前に決めた達成目標は、必要数のカラスを捕獲できるか確かめる、樺太のカラスの生態を記録する、全島での標本採集に向けて準備をする、の三項目だった。

一週間ほどの日程の予備調査、すべては深い霧の中にあって輪郭さえつかめない。どんなことが起きるのか、その時までわからない。「出たとこ勝負」と腹を決めるしかない。一日の終わりに三つの達成目標を反芻したらいいのだ。目標が四つ五つと多いと忘れるが、三つならその心配はない。非常食の残りを食べ、昨日買った飲み物の残りを飲む。約束の時間ピッタリに荷物を持ってフロントに降りたら、ユーリーとイリヤはすでに到着していた。

デリカに荷物を積み込んで、いよいよ予備調査の旅が始まる。天候は昨日よりも不機嫌で、良くなる兆しは見えない。風は強く、不規則に小雨が交じる。雲は厚く低く、青空など望むべくもない。遠景は霧で隠されて見通しがきかない。この景色は今の私の心象風景そのもの、外も内も視界不良だ。車は北に進路をとる。ユジノサハリンスクの街はずれで車は路肩に寄って一時停車。道ばたでピロシキ屋さんが営業中である。道路わきに小さい机が一つ、その上にスーツケース一個分くらいの大きさのケース、蓋をとるとおいしそうな本場のピロシキがずらりと並んでいる。幹線道路脇での寒風と氷雨に凍えながらの小商いである。車内に戻ってさっそく賞味する。出発前に独りでとった間に合わせの朝食は寂しいものだった。デリカの車内で仲間と一緒に食べる温かいピロシキはお腹も心も満たしてくれる。

ところで、達成目標第一項（カラス捕獲の可能性）はハンターの技量確認と言い換えてもよい。単なるガイドでなくガイド兼ハンターとしてイリヤが同行してくれたことは幸運であった。彼はサハリン州の狩猟協会会長職を務めるベテランの鉄砲撃ちである。しかし、狩猟経験が豊富で銃の名手だからといってカラスを上手く撃ち落としてくれる保証はない。日本でもロシアでもどこの国に行っても、カラスを好んで撃つような酔狂なハンターはいない。飛翔中のカラスは大きく見える。両翼を拡げたら一メートルを超える大きな標的だが、撃ち落とすには両掌を合わせたくらいの小さい部分（胴体）に弾幕を合わせる技術が必要である。かなり上級のハンターでも、カラス撃ちは難しいと告白する。そもそも撃ち落としたところで、臭いカラスの肉なんぞ誰も食べやしない。日本では山本映之輔が野鳥の卵や雛を守るために義侠心から「カラスの勝手は許さない」とカラス退治に奮闘されたが、後継者は育たなかった。

イリヤもカラス撃ちの経験はなかった。この予備調査でカラス猟に初挑戦することになるが、最初のうちは勝手がわからず苦労していた。ユジノサハリンスクから北に向かう街道がオホーツク海に出会うところに白鳥湖がある。戦前、宮沢賢治が訪ねて「銀河鉄道の夜」の着想を得たところだという。今朝の白鳥湖は小雨交じりで海霧が低く漂い、視界は悪い。湖側と海側で二回銃猟を試みたが失敗した。接近のしかたや発砲のタイミングが悪かったようである。

ここでの採集はあきらめて北に向かう。サハリン地峡の三叉路で左に折れて西海岸に向かった。サハリン島で東西の幅が一番狭い部分を通る道は、低い峠越えの山道である。長雨が続いているせいか、ダートの道路は泥の海のようになっている。サハリン島南部でこの有り様だったら北部は推して知るべしかもしれない。四輪駆動のデリカが心細く感じられるくらいの悪路で、たびたび滑って尻を振った。山中をしばらく走ると視界が開けて、間宮海峡を望むイリンスコエの平原に出た。なんとも寒々とした風景である。海岸段丘がゆるやかに波打って、海沿いには草原が広がっている。五月末だというのに一面の枯れ野原である。鉄道の結節点らしいが、甲子園球場より数十倍広い構内には錆びついた貨物車両が散見される程度で廃駅のように見える。町並みは色彩を欠いて灰白色の世界だった。いつになったら夏が始まるのだろうか。間宮海峡に面したこの地域には華やいだものがなにもない。海と空は気持ちが通じ合っているように見える。空一面の鉛色の雲と肌寒い風に調子を合わせ、間宮海峡は波静かにして寒々と無表情である。

イリンスコエの町から海岸沿いにトマリという町まで南下する。途中で数羽規模のカラスに遭遇しては、車を止めて外に出る。イリヤの接近や発砲を観察していると、いろいろと工夫や調整を試みているのがわかる。ハンティングはスポーツだという。その通りだと思う。体力と知力がないと獲物との戦いに勝てない。ここの海岸段丘沿いの道では三回車を止めてカラス猟に挑戦した。ついに一羽に命中して墜落させたのは、三度目の正直ならぬ四度目の正直だった。しかし落下した場所が崖下の波打ち際、獲物は波によって沖へ沖へと持っていかれてしまった。当たっても回収できなければ意味がない。意味がないどころか、まったくの無益な殺生になってしまう。難しいものである。

待望の一羽目は五度目の試行で得られることになる。トマリの町の手前にさしかかった所で、沢山のカラスが群れている気配を感じた。小さな河口周辺に一〇羽以上がルーズに群れをなしている。谷奥に入っていくものと出てくるものがいる。海岸沿いの街道からそれて、谷沿いの脇道に入り一〇〇メートルほど奥へ進む。サハリンのゴミ処理場を初めて見た。半世紀前には日本でもこのようなゴミ処理をやっていた。分別処理なしの単純野積み方式である。乾燥した日が続いたところでゴミの量を減らすために火を放ち、野焼きしてから土をかぶせるようである。土地が広くてゴミの総量が少なかったら、これも一つのやり方なのだろうか？　地下水系の汚染やら海への汚染物質の流出など問題の多い処理法である。しかし、ロシアのゴミ処分に文句を言う余裕はない。

今の私にとって大事なのは目の前のカラスの群れである。ゴミに群れているのと周辺の山林にいるものを合わせたら一〇〇羽前後の群れである。カラス猟の勝手がわかりだしたイリヤは流れるように、目標選定、照準、発砲を行った。命中し枝から落下する。こんども水難があったけれど、浅い谷川で回収には支障なかった。ただし、獲物はずぶ濡れで体重測定はできない。体重以外の計測を行い、DNA試料の採集を試みる。翼下面の小羽を引き抜いてアルコールを満たした瓶に入れる。羽根の付け根にはDNAを含む細胞がある。翼下静脈に注射針を刺して血液を採取しようとしたが、スズメのようには静脈が露出していない。当初から本命視していた翼筋の採取を行う。筋肉を採り出してメスで表皮を切り開き、筋肉をミンチ状に細かく切り刻んでからアルコールを満たしたサンプルチューブに入れる。続いて解剖に移り、生殖器の検査をして雌雄の判定をする。最も手間がかかる作業であり、かつ最も気が進まない作業でもある。予定していた作業を一気に済ませる。捕獲後の処置に一時間近くかかったが、慣れていけば半時間程度まで短縮できるだろう。

この日はイリンスコエに戻り、イリンスコエ川の河畔で野営した。ユーリーは慣れたもので防蚊用のスクリーンテントを用意していた。蚊に刺される心配がない。夕食後の余興で、ユーリーがカラシニコフ銃の試し撃ちを体験させてくれる。銃を撃つのは生まれて初めてである。射撃時の衝撃で肩を脱臼しないように用心しながら、二〇メートル先のペットボトルを撃った。ほとんど衝撃がない。しかも、命中しているのだ。評判通りの名銃であることを体感した。これなら少年兵や女性ゲリラでも容易に操作できるだろう。

この日の野営は熟睡できないかもしれないという予感があった。日暮れ前からとても騒々しい。騒音の犯人はオオジシギらしい。婚姻の飛行でギギギギガガガと騒々しいことこの上ない。北へ行くほど繁殖期間が短いので、信州より騒々しくなるのだ。信州なら早稲や晩稲でも繁殖して子を残せるかもしれないが、二〇〇〇キロメートル北のこの地では一斉繁殖に参加できることが必須なのだろう。睡眠妨害の恋の乱痴気騒ぎだが、彼らは彼らで熾烈な婚活に励んでいるのだ。

4　日本と違うカラスたちの行動

デリカでの移動中私は助手席に座り、フィールドノートを膝の上に、双眼鏡を首に吊るしている。道路の左右五〇メートルの範囲を注視してカラスを捜す。達成目標第二項（カラスの生息確認）のためである。全行程で車窓からのラインセンサスを行った。その結果、樺太の中部と南部には十分な数のカラスが生息していることが確かめられた。採集が地域個体群に影響を与えることはないということだ。しかし、生息数だけではなく、カラスの生態も観察した。それらは後年、ネチャエフの『サハリンの鳥類』を読んだ時に役立った。サハリン島ではハシブトガラスは集落内で繁殖し採餌している、それに対してハシボソガラスは集落の外れで活動していた。日本国内と逆ではないか。日本なら、ハシブトガラスは専ら集落の外れを利用している。集落内を利用するのはハシボソガラスである。サハリン島のハシブトガラスは地上ではホッピングだけでなく、ウォーキングも多用していた。日本のハシブトガラスは地上で移動する時、めったにウォーキングはやらない。何か変なのだ。

フィールド（野外、または現場）は本に書いてないことを教えてくれる。実験室や講義室で教えてもらえることの多くは手垢のついた知識である。樺太中部の軍の通信基地跡で、二晩連続して野営した時のことであった。二日目の夕方、野営地に戻ると周辺でハシブトガラスの声が時折聞こえた。特に気にすることもなく、この日の収穫物一体の処理を行った。二回目だったので処理は四十五分程度で終わった。慣れたらもっと短縮できるだろうと手応えを感じる。カラスは臭いから、亡骸はテントの中には入れずに外に放置しておいた。

未明のことである。夜が明けきっていないのにカラスの声がやかましい。テントのすぐ近くでカラスの威嚇的な声がする。異常なほどに興奮している。放置しておいたカラスの死体が原因であることが直感的にわかった。騒いでいるのはここで繁殖中のハシブトガラスに違いない。ここで繁殖しているのなら、このような展開になって当然である。なわばりを持つカラスは夜が明けきらない薄暗い時間帯に、餌探しよりもなわばり内のパトロールを優先するものである。見えるところに放置されていた亡骸は、なわばり内への侵入者と勘違いされたのだ。こっぴどく嘴でつつかれたかもしれない。近くに集落のない街道横、牧草地と山林が入り混じった環境である。前日の午後にカラスの声を時折聞いたが、繁殖しているかどうかは半信半疑だった。カラスの亡骸をテントの外に放置したのが、結果的にハシブトガラスの繁殖確認テストになった。ハシブトガラスが繁殖なわばりを設けているか否かを確認するのは容易なことではない。日本であれば、抱卵期や抱雛期には雄が巣の近くの目立つ場所にとまって警戒しているものである。雄の行動から巣場所の推定がつく。ところが樺太ではそうはいかない。繁殖期なのに、雄がそのような行動をとることはないらしい。こうした状況下、死体放置という手段は繁殖なわばりの推定に極めて有効である。そのあたりで繁殖中なら、早朝のパトロールで発見して大騒ぎするに決まっている。思いがけない成果だった。死体でなく模造品でも同様の効果があることを後日確認した。

今回の予備調査は樺太中部の北縁止まり、と出発前の交渉で決まっていた。交雑帯がありそうなのは北部なので行ってほしいと頼んだが、道路事情が悪いの一点張りだった。半信半疑だったので、北に向かって、進めるかぎり進んでみてもらった。テイモフスコエを出てすぐに集団農場の廃墟があった。激動の二十世紀の痕跡である。さらに北に進む。道路横五〇メートル入ったところに駅舎が見える。鉄路が幹線道路に並行して走っていた。ユジノサハリンスクとノグリキを結んでいる現役の鉄道である。

われわれは中部と北部の境界域を北に向かって走っていた。片側二車線の広いダートで、時速は六〇キロは出ていたと思う。突然、デリカが急停車する。停止したすぐ先で、道路が五メートル以上の幅でスッパリ切り取られていた。唐突に、鮮やかに道路が切り取られ、その深さは四メートル以上もある。日本ならずっと手前の位置に警告の看板が出ているところである。夜間にこんな道を走っていたら、日本人ドライバーなら確実に窪地に突っ込んでいるだろう。街路灯などないし、人家もない。即死ではなくても、発見された時は死んでいる。少し手前のところから非常用の脇道ができているが、とてもではないがデリカが侵入できるような道ではない。ぬかるんでいて、轍が深い。北緯五一度を越えてはいたが、ここがこの年の最北端となった。樺太北部の道路事情は日本国内の常識を超えているとは聞いていたが、自分の眼で直接確かめることができた。

5　アニヴァ湾のハンティング・ハウス（二〇〇六／六／六）

予備調査最終日は第三項目の達成（全島採集の準備）に割り振ってあった。来年の本調査ではサハリン島全域でカラスを採集した後、一週間以上かけて頭骨標本を完成させる予定である。臭くて、汚くて、気持ちの悪い作業だからホテルではできない。イリヤ宅でもできない。安く泊まれて、標本作りができる滞在場所を確保したい。イリヤに相談したらアニヴァ湾にいいところがあるという。それがサハリン狩猟協会所有のハンティング・ハウスだった。現地に出かけて自分の眼で確かめることにする。アニヴァ湾とはどこにあるのか。樺太を鮭としよう（ロシア人はチョウザメに例える）。鮭の頭を上にしてぶら下げた状態を想像してほしい。下端の尾鰭の切込み部分、そこがアニヴァ湾である。この南は宗谷海峡、そして北海道となる。

ユーリーの運転するデリカでハンティング・ハウスを訪ねる。簡素だけれど、自炊することができるし、作業するに具合のいい明るい部屋もある。水の心配もない。滞在費もホテルの四分の一で済む。来年の標本作製だけでなく、再来年以降の生態調査の基地としても利用可能かもしれない。ここでの下見中、滞在していた面白い三人組に会った。五十代後半の貫禄のある男と二十歳前後の若い男である。年配の男と握手する。大きくはないががっちりした掌、そして太い指。驚いたのは右手の人差し指と中指の先端が無い。銃の暴発事故であろうか。チェーホフはドゥーエ刑務所で指を二本ツメた無宿者に会っているから、「その筋」なのだろうか。連れの若衆二人とも握手をする。スキンヘッドで、やんちゃな感じだが、眼付は悪くはない。このときは親分格の男と若い男たちの組み合わせに特別な意味を感じなかった。しかし、三年後の大陸側での採集行で似たような組み合わせに二回出会うことになる。

今回の予備調査で採集した三体のハシブトガラスのうち二体をハンティング・ハウスの敷地の一隅に埋めた。一年後に掘り返して骨だけ回収しようという土壌内解体法の試みである。寒冷な土地だから、解体屋の昆虫や菌類の数も種類も少ないだろう。一年間でどれほど綺麗にしてくれるかわからないが、試してみる価値はある。もう一体は日本に持ち帰り骨格標本の作製を試みる。こちらの実習のために、本当は三体とも持ち帰りたかった。しかし、かなりの容積になるので税関通過時に面倒なことになるだろう。熱湯につけて羽根をむしり取ったらコンパクトにはなるけれど、それでも子ども用ラグビーボール程度の大きさである。そんなものを三個も手荷物に紛れ込ませるのはリスクが大きすぎる。一体だけでも冒険なのだから。

アニヴァ湾からユジノサハリンスクに戻る途中、寄り道をして州都のゴミ処理場を見学する。さすがに州都のゴミ処理場は大きい。これまで見てきた田舎町の処理場とはスケールが一ケタ違う。処理場の広さも、出入りするゴミ回収車の数も、そして当然のことながらあたりを徘徊するカラスの数も呆れるほどである。ゴミ処理場からサハリン島を見ると、日本以上の一極集中が浮かび上がってくる。サハリン島でも、ハシブトガラスの社会はこの半世紀の間に大きく変わったのではないかと思う。州都への人間の集中は二十世紀後半に進行したのだが、これに伴ってカラスの分布も生活文化も変化して農山村系から都会系に変化したのではないだろうか。ゴミ処理場の規模と活況に圧倒されて、敷地内には入らず周辺から観察するだけにした。

この後、州立大学にサフロノフを訪ねる。イリヤはサフロノフと面識があり、面会の時刻を調整してくれた。一緒に彼の研究室に向かう。樺太での今後の調査を進めてゆくうえで、大切なのは人脈の開拓である。いろいろな思いがけない局面に今後出会うだろうが、独立系の研究者が頼れるのは友人（イリヤ）であり、友人の友人（サフロノフ）である。友人のネットワークがセーフティーネットになってくれるはずである。私は内向的で人見知りが強いのだけれど、必要な場面では一流のセールスマンに変身できると思い込むことにしている。心がけるべきことは簡単で、自分を誇りに思うことと相手を尊敬することである。ロシアの生物学者と個人的に会うのは初めてだった。五十代の終わりぐらいの感じで、人当たりの良い落ち着いた人物である。名刺代わりにお互いの論文を交換する。彼は魚類が専門で、樺太全域の河川で標本採集や生態調査をしている。今年の夏には、水陸両用の特殊車両を駆使して北部の湿地の多いツンドラ地域で調査をするという。一人ぐらい追加してもどうということはないから、次の機会にはどうぞと勧めてくれた。今回の予備調査で北部の道路事情の片鱗はうかがい知ることができたので、彼の提案は魅力的である。交雑帯が北部にあるとなれば、一本だけの幹線道路以外の地域に行く必要が生じてくる。私の研究計画を説明して、将来の布石とした。素晴らしい機会提供だったが、その後の私の研究は樺太北部のツンドラ遠征には向かわなかった。

研究室を辞した後向かったのは今夜の宿泊先、ホテル・モネロンである。ビザの関係で初日と最終日はホテルに泊まることになっていたので、気はすすまないけれど我慢するしかない。初回の宿泊と違って、二回目となると慣れが生まれる。こういうものだと覚悟していると落ち着ける。

モネロンの部屋は初回と同じで駅前の広場に向かっていた。薄曇りだが穏やかな空で、ポプラの小枝がかすかに揺れている程度である。部屋には小さな冷蔵庫があって、ここにカラスの死体一体を収める。予備調査で捕獲した三羽のカラスはサイズ上、すべてジャポネンシスのハシブトガラスと判断した。北部に生息しているというマンジュリカスはとても小柄のようである。学名は、ジャポネンシスが *Corvus macrorhynchos japonensis*、マンジュリカスが *Corvus macrorhynchos mandshuricus* と表記される（最初が属名、次が種名、三番目が亜種名）。両者は同一の種と見なされているので、属名と種名が同じである。同一の種であれば、自然状態で交尾して子どもが生まれ、その子どもには繁殖能力がある。だから、二亜種が混在しているという樺太北部ではミックス型に遭遇できるだろう。来年、全島でハシブトガラスを採集したら、二亜種の形態的、遺伝的相違が鮮明になり、交雑帯域を確定できるようになる。あわよくばミックス型を捕獲できるかもしれない。再来年以降は交雑帯で生態調査をする。ヨーロッパのハシボソガラスの交雑帯のような、沢山の研究者が掘り返したフィールドではない。手つかずの交雑帯だから、画期的な新知見を次々と見つけるだろう。そんな空想をめぐらせることができるくらい、二泊目のモネロン泊には余裕があった。

6　北海道大学に鈴木仁を訪ねる

樺太からの帰途、札幌で一泊した。旅行中に洗濯ができず着替えが尽きたので衣料品を買う必要があった。例年になくこの年は温度が低くて、六月上旬なのに長袖の上っ張りが欲しいくらいであった。それからビール工場に寄って、出来立てのビールを飲まなくては。しかし、そんなことは札幌一泊の付録である。時間はあってもお金のない境遇であるから、長袖やビールは我慢したら済む。実は、札幌では重要な面会を手配していた。北海道大学に鈴木仁を訪ねて、「飛び込みセールス」をしようという魂胆であった。彼はげっ歯類が専門の研究者だが、カラス属の分子系統学的研究も手掛けていた。ロシアのアレクセイ・クリュコフと共同研究して、二〇〇〇年には画期的な発見を共著論文で発表した。

彼らの研究は何故か日本ではあまり知られていないが、驚天動地の新事実であった。ユーラシア大陸にはハシボソガラスの三亜種が分布している。西から本家ハシボソガラス、中間にズキンガラス、その東にオリエンタルハシボソガラスが分布している。それぞれの分布境界の中部ヨーロッパと中央シベリアには交雑帯がある。羽色から推定された交雑帯の幅は狭く、一〇〇キロを超えない。ところが、系統関係を推定する手段としてミトコンドリアDNAを調べたところ、とんでもないことが明らかになった。ミトコンドリアDNAから明らかになった中央シベリア交雑帯は東方に広く浸透して数千キロに及びオホーツク海沿岸まで達していた。単一群と信じられてきたオリエンタルハシボソガラスは二系統に分けられることも判明する。樺太の北部でこの二系統の分布が接触しているらしいのだ。このような活きの良い研究をしている研究者と知り合いにならない手はない。研究機関の上司とか研究室の指導教官の紹介状があったら気楽なのだろうけれど、インデペンデントの私にはそんな便利なものを書いてくれる人はいない。

メールでの事前接触だけでの研究室訪問である。名刺代わりにこれまでの私の論文・短報を持参する。鈴木仁はもったいぶることなく、とてもきさくで親切に対応してくれた。北東アジアでのカラス研究について貴重なアドバイスを頂いただけでなく、クリュコフが訪日する時には紹介の労をとることまで約束してくれた。この「飛び込み」がきっかけになって、私の研究者ネットワークは質的に拡大することになる。二〇〇九年の大陸側での標本採集はこの北大訪問がなかったら実現しなかった。それに続き、二〇一二年にクリュコフが第一著者となって出した分子系統学の論文では、共著者として鈴木仁と共に名前を連ねることになる。二〇一五年と二〇一六年、私が第一著者になった形態学論文の共著者はクリュコフである。この北大訪問は決定的なターニングポイントであった。当時の私にその後の展開などは思いもよらないことで、ただその時、その時、研究を発展させるために最大限の努力を尽くしただけであった。

アレクセイ・クリュコフとの初対面は二〇〇六年十月十三日、千歳空港である。彼が札幌に来るので、会いに来ませんかという誘いのメールが九月末に届いた。どんなことになるか見当もつかないけれど、逃してはならない機会である。クリュコフは新潟空港から乗り継ぎで千歳空港に来ることになっており、私の大阪からの便もほぼ同時刻に到着する。鈴木からクリュコフの写真をもらっていたし、私は彼の名前と私の名前をA4版にプリントアウトしていたので、初対面でもお互いに簡単に見つけることができた。年齢は五十代の半ばくらい、ロシア人にしてはやや小柄かもしれない。笑顔がとても温かく、礼儀正しい人だった。われわれはJRに乗って札幌駅に向かい、ここで鈴木と合流して昼食となる。このあと北大へ。研究室に行く前にゲストハウスに寄って、クリュコフは荷物を置く。研究室についてから、樺太についての私の目論見を説明して、共同研究を提案した。DNAの分析をクリュコフが、私が形態研究を行うという作業分担である。論文の第一著者は、遺伝子論文はクリュコフ、形態論文は中村とし、相互に共著者に名前を連ねる。大会での発表は相互に自由とする。何の問題もなく共同研究がスタートした。このあとは遺伝子分析作業の見学と実習をして、夕食には研究室特製のスパゲッティをいただいた。宿は想い出のある札幌グランドホテルをとっておいた。大学卒業時に北海道を旅行した時、ここに泊まっている。四十年前の冬季オリンピックの頃は最新のホテルだったが、今では古さを感じさせる。けれども重厚でぬくもりのある良い宿であった。ベッドがしっかりしているので、起床時に腰の痛みがないのに驚いた。

翌日も、研究室を訪問する。ＰＣＲやら何やらかんやら、論文ではよく出てくる装置を実際に見て動かすのは新鮮で面白い。遺伝子分析は教員時代に研修でやったことがある。しかし、十年も前のことだから、技術革新が急激なこの分野、前の経験はほとんどが時代遅れになっている。この領域で仕事をするのは若い人でないと苦しいだろうと思う。せっかく苦労して習熟しても、たちまちのうちに陳腐化してしまうのだから。自転車に乗るように、走り続けていないと倒れてしまう研究領域である。そのせいかもしれない、分子生物学系の研究者の著作には、重厚なものが少ない。他分野の知識を広く吸収することも、深く思索することも時間を要することである。一日二十四時間は万人平等である。最新知識と先端技術の習得に多くの時間をとられたら、良書を著すのは容易ではないと思う。私のような人間には分子生物学は無理だ。このことを、昨日の午後から今日の午後までの間に十二分に知ることができた。私は他分野の本を読むのが好きだし、思索を遊ばせるのが好きだ。更にあと二つ、私には「欠点」がある。化学薬品の臭いが嫌いで、化学に進まなかった過去がある。分子生物学の領域の住人になる人は、化学薬品の臭いへの耐性がなくては務まらない。マイクロピペットでの操作で、ピペットの先端をピタッと止めることができないと仕事にならない。齢のせいで先端が震えるのだから失格である。

この日の午後二時半に北大正門で黒沢令子と待ち合わせる。クリュコフと共に捕獲小屋を見学できるようにと事前にお願いしておいた。札幌在住のカラスフリーク、中村眞樹子と竹中万紀子が車でやってくる。三人ともただのカラス好きを超えて、活発に研究活動をしている人たちである。札幌市郊外の清掃工場を訪ねて、二カ所の捕獲小屋を見学した。ロシアにはないものなので、クリュコフは興味深そうに観察し写真に収めている。小屋の中にいるのはどいつもこいつも羽色に赤褐色味のある幼鳥であった。DNAの採集では問題ないが、形態学的分析には使えない。DNAは成長しても変わらないけれど、頭骨は成鳥になるまでに大きく変化してしまう。成鳥間でしか比較はできないのだから、幼鳥は関東風に言えば味噌っかす、関西風ならゴマメである。夕暮れの午後五時にゴミ処理場を後にしたが、市内に戻ったときはとっぷりと日が暮れていた。地元の人に人気の回転寿司で夕食となる。こんなにうまい回転寿司は初めてだった。クリュコフは刺身が好きで喜んで食べ、頻繁に写真を撮っていた。

三日目は午前中だけ研究室へ。朝方はドシャ降りで傘を買う羽目になった。クリュコフと来年以降について方針を再確認する。昼前に大学を出る頃には雨はやみ、旧道庁と植物園を見学。夕刻の便で大阪空港に飛び立つ。二泊三日の札幌出張は成功だった。クリュコフと共同研究を開始することで私の立場は二方面で強化されるだろう。ロシアの鳥類研究者とのパイプが形成されたことにより、極東ロシアでの研究が円滑に進むようになるだろう。DNAの研究で成果を出している研究者との共同作業により、形態中心の私の研究が強化されるだろう。今回の出張の余得として、分子生物学的研究の擬体験もできた。食わず嫌いではなく、食って嫌いに変わったのだが。

7　山中でカラス鍋？

持ち帰ったカラスの死体。すぐに白骨化させたいけれど、準備が必要だった。退職して無所属の私には、死体保管用の冷凍庫も、処理するための実験室もない。家の冷蔵庫にカラスの死体を一時保管することも考えたが、家族に切りだせない。仕方ないので、知人に頼んで彼の勤務先にある薬品保管用の冷蔵庫に居候させてもらう。

骨格標本を作る技術は予備調査に出発する以前に、大阪市立自然史博物館で学んでいた。この博物館にはなにわホネホネ団という外郭組織があって、館内で定期的に骨格標本づくりをやっていた。哺乳類も、鳥類も、魚類も、とにかく何でもかんでも持ち込まれた死体を骨格標本に変えていた。広い実習室で換気扇も動いているのに、室内の悪臭と言ったらひどいものだった。皮を剝がされて血管やら筋肉やら内臓やらが露出した動物の胴体がドーンと作業台に鎮座し、大鍋の中では頭部や胴体がグツグツと煮えている。魔女の秘密部屋に迷い込んだような趣があった。嗅覚が敏感な人はこの部屋の異臭に体が凍り付くだろう。視覚情報に強く反応する人は阿鼻叫喚の光景に失神するかもしれない。博物館の展示を見に来た一般の来館者がうっかり入室したら救急車を呼ぶ事態になるだろうか？　しかし、ホネホネ団の作業場とわかっていて来訪する人たちは覚悟ができている。私は訪問前に、えぐいやら、きもいやら、臭いやらは覚悟していた。しかし、正直なところ入室後一時間くらいの間は「たまらんなぁ」という気分であった。もっとも、半日もいたら順化して少しは気にならなくなる。ホネホネ団の人たちは十分に耐性ができていて、昼食やコーヒーブレイクをこの部屋でおいしそうにとっていた。知的好奇心が人一倍旺盛で、嗅覚や視覚からのネガティブな刺激に慣れていったら、そんな風に行動できるのだ。逆に、好奇心が貧弱で嗅覚や視覚からの入力情報に敏感な人は、この部屋に一分ととどまれないだろう。

何回か標本作製に参加してやっと気がついた。骨は自然が作った最も美しい芸術作品であることを。頭骨でいえば、餌を捕らえ呑み込む、大きな眼玉や脳を収納するなどの多様な機能を果たすために、極めて合理的な作りになっている。車でいえば消費者の目に触れることがない車台（シャーシ）のようなもの。車の基本性能やその限界は車台で決まるという。車なら車台、動物なら骨格である。ホネホネ団の人たちは奇人ではなく、完成した骨格標本の美に魅せられた人たちなのだ。

骨標本作製の基礎はできていたけれど、本格的に私一人で始めるとなると少なからず心細かった。天気の良い日にキャンプ用のテーブルを車に積んで、人里離れた山の中に入る。作業中に不審者と怪しまれて警察に通報されたりしないように、場所を選ぶ。食事を作っているように見せかける。内臓を取り除いてから、大鍋の中に入れてゆっくりと煮る。通行人が近づいてきたらかぶせられるように、鍋の蓋はすぐ横に置いた。カラス鍋をやってるなんてわかったら、面倒な騒ぎにならないとも限らない。適量の薬品を入れる。適度の温度でゆっくりと煮る。沸騰させてはダメ、人肌より低くてもダメ。湯加減に注意して半日近くゆでる。辛抱強くないとできない。そこそこに骨がばらけてきたら、不要な羽や筋肉を随時取り除いてゆく。隣接する骨との関係がわかるように随時撮影して、骨に書き込みを入れる。朝から始めて、夕方までかかった。そこそこに筋肉や腱を取り除き、臭いも少なくなったところで終了。このあと一週間ほど水に漬けてから最後の整形、骨の付着物を完全にそぎ落とす。臭いのない白く美しい芸術品の完成である。この標本は二〇〇六年夏以来、座右に置かれて何かというと声がかかった。私の頭の中では四六時中カラスがうごめいていて、不意にアイデアが浮上することがあった。そんなとき、この骨格標本が話し相手になった。

コラム　所属欄はインデペンデント

　科学研究も含めてアマとかプロというラベル張りを、多くの人たちは何の疑問もなしに受け入れている。生物分野では鳥、魚、昆虫、植物、キノコなどの愛好家が多く、彼らは他の職業で生計を立てながら、楽しみとして研究をしている。こうした愛好家とは別の人たちがいる。高度な専門性を備えて研究機関や大学などに所属し給与を得て研究に専念している、相対的に少数の人たちである。両者を区別するためにアマとかプロとかいう仕分けがなされる。「アマですから」に続くのは卑下と甘えと弁明の言葉が多く、「プロですから」の後には上っ面の謙虚さと優越感を漂わせた退屈な講釈が続くことが少なくない。

　本来、科学研究をする者には、アマもプロもない。Amateurは本来的にはamar愛するに由来する、愛好家という意味であり、派生的に素人とか未熟者という意味が付加された。Professionalとは生計を得る手段として、ある分野の仕事を専門的に行う者たちという意味である。四六時中やっていれば、並みの能力のある人間なら玄人とか、熟達者の領域にいずれは到達できる。ランダムハウス英和大辞典で面白いことを発見した。Professionalを引いてみたら、項目の最後に「きわどい反則行為を意図的に犯す」という派生的な説明が載っていた。イタリアのプロサッカー選手には、審判に見えないように芸術的な反則行為をやる手合いが少なくない。製薬会社と大学教授がグルになってデータを改ざんし、ある新薬が実際以上に効能があるように見せる論文を出した研究者は究極の Professional だろうか？

自分はアマとプロという区分けよりも、インデペンデントとデペンデントという区分けのほうを好む。組織から独立した研究者か、組織に経済的に依存した研究者かという二分法である。インデペンデントと自称するなら、卑下や甘えと縁を切らなくてはならない。切磋琢磨して、最新の専門的知識でも必要な場合には貪欲に吸収してゆく積極性が求められる。彼の優位性は何か？ 流行に追随しなくてもいいこと、他から指図されることなしに自由に研究テーマを設定できることだと思う。新分野を開拓してゆくのにデペンデントより有利な立場である。

日本生態学会や日本鳥学会の大会に参加するたびに、参加申込書の記入で困惑させられた。所属欄である。勤務先の学校名を書くのか？ でも職務命令でやった訳ではない。居住地を書くのか？ 自治体の職員と間違われる。それでは無所属か？ それは政治活動の用語では。お独りさま研究会とかお独りさま研究所を立ち上げようか？ でも、あまりにも体裁にこだわり過ぎていないか。試行錯誤の末に辿りついたのがインデペンデントだった。「無頼」の香りが少しあって、力強く逞しい語感である。何物にも頼らず、自己責任において研究をしているのなら、インデペンデントと所属欄に書いていいじゃないか。格からして、大学名や研究所名を記入するのと何の遜色もない。十九世紀後半まではインデペンデントが科学を牽引していた。その系譜で最後に輝いたのがダーウィンでありメンデルだった。二十世紀に科学が資本主義体制に組み込まれたことで、膨大な数のデペンデント研究者が出現した。科学、というより技術

は驚異的に進んだが、金儲けと軍事につながる分野に偏っているように見える。デペンデント
を雇用する者たちの関心は科学ではないのだろう。

第2章　南北１０００キロの島を一往復したカラス採集行

双眼鏡で見たくらいでは区別のできない、ハシブトガラスの２亜種、ジャポネンシスとマンジュリカス。

交雑帯を確定するには島の北端から南端まで切れ目なしにカラスを採集して、頭部とDNA試料を集めるしかない。

焚火の横での休憩時、ドイツ製水平２連銃の手入れをするイリヤ・ボャルキン。

1　ヘビーデューティ・カーの確保

年明けからモゾモゾと本調査の準備を始める。予備調査と違って本調査の今年は手抜かりの無いように、慎重に進めなくてはと緊張する。銃による採集はイリヤ・ボャルキンが引き受けてくれることになっている。ビザのほうは前年同様に、ユーリーに頼める。樺太（サハリン）に入るのは天候が安定する六月の中ごろを想定していた。中部から、北サハリン平野に入る道路が鬼門で、数カ所で切断されていることを覚悟しておかなくてはならない。デリカは逞しい車だけれど、トルク（最大回転力）も最低地上高も要求水準に達しない。

移動手段の確保が最大の課題となった。ユーリーの旅行社はこの時期がかきいれどきで、彼は同行できない。イリヤがいるからそれは問題ではないが、北に行ける車が手配困難だという。レンタル料が一日三万円だというのだ。二週間借りた場合、予算の半分が消えてしまう。残りで、イリヤへの謝礼、渡航費、食糧費、弾薬代、装備費、そして諸雑費を賄うことは不可能だ。交渉して一日二万円に値切れても、予算を超えてしまう。四月段階で交渉は暗礁に乗り上げた。別のルートとして、ロシア語講師の友人に依頼する方法を追求してみた。しかし、走破性の高いルシアンジープのような車種を半月も借りるとなると簡単ではなかった。八方手を尽くしてくれたけれども駄目だった。

数年間樺太で調査をするとなると、中古のパジェロかランドクルーザーを購入してロシアに持ち込んだほうが安くなる。中古車のディーラーをいくつか当たって、価格交渉を進めた。しかし、何ともちぐはぐな状況があった。去年の秋に三〇〇〇ccのフォード・トーラスから一三〇〇ccのフィットに乗り換えたばかり。近場をタウンカーとして十年以上は乗り続ける目論見だった。それを半年足らずで乗り換えようというのである。パジェロもランクルも燃費は悪いし、大きくて使い勝手も悪い。家族に賛成してもらえないかもしれない。立ち往生していた時に、娘が耳寄りな情報を見つけてくれた。

ユジノサハリンスクにハーツレンタカーの営業所が開設したというのだ。さっそく営業所に照会のメールを出す。返事は数日で届き、大いに期待させるものだった。ランクル相当の車種でも、ユーリーの提示したレンタル料の七割程度で借りられそうである。一息つけた。これなら、予算を二割程度のオーバーで済みそうである。ハーツはエイビスと並んで世界展開している信頼できるレンタカー会社だ。これまでにも、イタリアとスペインで何回か利用した経験がある。極東の片田舎の小さなレンタカー会社とは違う。五月上旬の段階で、車種、貸し出しの期間、使用地域、料金も確定できた。ところが、出発の三週間前になって暗転する。

営業所からメールが来て、樺太南部なら貸し出せるが、北部となるとだめだという。突然の一方的な条件変更だった。北部を含めて全島という行動範囲の条件で受け付けておいて、出発間際になって唐突に断りを入れてくる。ハーツはグローバル展開の企業だから、ロシアでも信用できると思っていたのが間違いだった。樺太北部の油田開発では原油採掘の見込みがついた段階で、外国企業を追い出した事件があった。パイプライン建設での環境破壊云々の難癖をつけて、一方的に契約を破棄して、責任も取らなかった。ロシアリスクとして注目された事件である。ハーツとは名乗っていても、「ロシアの」と形容詞がつくと、「あてにはできない可能性がある」と読み替えなくてはいけなかったのだ。もし、ハーツの営業所に勤務している友人がいたら別の展開になっていたと思う。ロシアは縁故社会なのだ。出発の日が迫っているというのに、ハーツ路線はあきらめるしかない。

一度は廃棄された案、中古車を日本で購入してロシアに持ち込む案が再浮上する。中古車ディーラーに行って価格交渉の詰めをする。同時にダメもとで、イリヤにポンコツ自動車現役復帰の可能性を照会した。中古パジェロの購入を決断した日に、イリヤから車が修復できそうだとの連絡が入る。助かった。出発は二週間前と迫っていた。彼の車が動くなら、彼に、射撃、通訳、料理、運転とすべてを頼むことができる。結果的に手数料が分散せず、そっくり彼の取り分となる。お互いに好都合である。すでに国際免許を入手しているので、半分くらいなら運転を手伝えるだろう。「古い友人は、新しい友人二人より価値がある」というロシアの格言が頭に浮かんだ。イリヤは私にとってロシア的意味で「古い友人」だった。

調査資材のリストアップには神経を使った。必要なものが抜け落ちていないか、何度も作業をシミュレーションした。そのたびに不都合が見つかり、もっと勝手の良い作業手順に替えていった。一週間に一回はホームセンターや登山用品店に出かけて、品定めをした。日本で買い忘れたものを樺太で調達することは不可能なのだから。

出発の四日前、大半の荷物を宅配便で稚内の宿に送った。去年に比べて荷物の分量が三倍になったのは、滞在日数が四週間と増えたこともあるが標本採集のための資材が加わったからである。面白いもので、荷物の八割近くを送ってしまうと体の半分以上が移動状態に入ったような感覚になる。手元にある荷物は五〇リットル容量のリュックと手提げ袋一個だけになった。身体感覚としては半身が旅立ってしまったわけで、落ち着きが悪いのも無理はない。

2　サハリン日誌二〇〇七

旅立ちの朝（二〇〇七／六／二十五）

バス停への道で縁起のいいものに出会う。川沿いのフェンスの内側、合歓の木に一番花が咲いている。この木は数年に一度、夏の終わりに受難を経験してきた。小さい川だが淀川の支流なので一級河川と格が高い。河川維持管理の予算が二級よりも多いものだから、草刈りは年一回、自生してくる雑木刈りが二、三年に一度はある。せっかく伸びてきた自然樹は、根ぎわで伐られる。この合歓の木も、雑木の悲哀をたびたび味わってきた。来年くらいは咲くのかなと期待できる大きさになると、決まって振り出しに戻されるのだ。去年は土木事務所の予算の都合で、雑草だけで済んで雑木の除去が一年先送りになったらしい。合歓の花は不思議な花である。昼間のフラットな光のもとで見たら、地味でつまらない花でしかない。ところが、朝方や夕べの斜めの太陽光を受けて、暗い背景のもとにおくと天上の華のように輝く。品の良い薄紅色で、こころが癒される。光の加減で趣が一変するというところが面白い。バラやユリにはないスピリチュアルな美しさを持つ花である。

この合歓は樹勢を蓄えて「さては時ぞ」と十年越しの努力を叶えたのだ。幾度となく河川清掃作業で夢を砕かれてきた。作業員には敵意も悪意もないのだけれど、合歓の木にとっては生死にかかわる試練。それに耐えてようやく咲いた最初の花である。それに出発の朝に遭遇した。これは吉兆である。人は自然の出来事を無理やり私事にこじつけて、何かの予兆として解釈しようとする。『三国志演義』にも聖書にも、そのような例はゴロゴロある。人は不確実さの海に乗り出す時、自然の変化に勝手に意味を与え無根拠の自信を得ようとするらしい。

再び宗谷海峡を渡る（二〇〇七／六／二十六）

稚内への行程は昨年と同じ、格安航空券で札幌まで飛んで、都市間バスで稚内に移動し、ユースホステルに一泊する。翌朝、稚内港から樺太南端のコルサコフ港までフェリーを利用する。これは縁起を担いだからではなく、それが一番経済的で無理がなかったからである。昨年よりも三週間遅い出発のせいか、天候には恵まれていた。宿舎から稚内の外航フェリーポートまで、タクシーを呼ぶことにしたのも去年と同じである。違うのは荷物が手に負えないほど増えたこと。トランクや後部座席に荷物を押し込む。大きなリュックを抱えて助手席に座ると、エアバッグが開いたような感じになった。

稚内港とコルサコフ港の間にはハートランドフェリーが就航している。幅四〇キロの宗谷海峡だが、ロシア側の港はアニヴァ湾のドン突きなので湾に入ってからが長い。四時間ほどの航海である。乗船と下船に各一時間はかかるので、半日仕事となる。広い畳敷きの二等船室に荷物を積み込んで、缶ビールで一服。船の中の自販機のビールは免税だから、国内で買う発泡酒より安い。それほど、日本の酒税は高いのだ。しかし、安いからと言って気分がよくなるほどには飲めない。四時間後に決戦が始まるのだから。海峡の波は比較的静かで、酔うほどのものではなかった。

コルサコフ港で入国の手続きを済ませて外に出ると、懐かしい顔が待っていた。ユーリーとイリヤである。白色のデリカに乗り込む。去年の緑色のデリカは売ったという。観光客を乗せて走り回っているから消耗が早いのか、日本の中古車ディーラーとコネがあって転売で利ザヤが稼げるのか。ロシア極東では日本の中古車が圧倒的に多い。割安で、品質が良く耐久性もあるので、ロシア時代の国策自動車会社が製造した車は絶滅危惧種になっている。軍用車のルシアンジープが、超のつく悪路で健闘しているだけである。日本の中古車だから右ハンドル、けれども交通規則は日本とは逆で「車は右」である。トラックなどは塗り替えていないので、△△運輸、▲▲水産のまま走っている。さらに、おまけがつく。右折する時には「右に曲がります」、左に曲がる時は「左に曲がります」、後退する時は「ご注意ください。バックします」と日本語のアナウンスも健在である。うるさいだろうけれど取り外すのは手間がかかるし、聞きなれない言語が聞こえたらロシア人の歩行者は注意するだろうからと、取り外さない。それにしてもこの日本語のアナウンスの丁寧さはロシアでは異様である。歩行者が偉そうにノロノロと横断歩道を渡り、車は辛抱して待っている日本ならではのアナウンスである。ロシアで日本流の渡り方をやったら即死か、死ぬほど怖い目に遭うかである。歩行者信号が青だからといってタラタラ渡る歩行者はいない。「横断歩道、手をあげて渡りましょう」などという牧歌的な標語はロシアにはない。歩行者は信号を参考までに、先ずは車を見て轢き殺されないように素早く渡る。だから、このへりくだったアナウンスは超一級のブラックユーモアとして聞こえる。

去年と違うのは、イリヤの家に最初と最後はホームステイできること。あのホテル・モネロンに泊まらないで済む。現在の極東ロシアの一断面を体験するにはよいホテルだったけれど、昨年の二泊で十分だ。イリヤは娘と共に住んでいる。ソ連時代に作られた集合住宅で、日本の団地に似ている。各階段口は鉄の扉で閉ざされて、訪問者はインターホンで来訪を伝えて開錠してもらう。階段はゴミや落書きこそないが、暗くて飾り気がなく寒々としている。しかし、玄関の鉄製の扉を開けると世界が変わる。頑丈な鉄の扉は、ロシア人が持つ二つの世界を仕切っているのだろう。一世紀近くも続いた恐怖と抑圧の時代に、外と内をきっちりと分ける習性が形成されたのだろうか。建物の入り口から玄関までの空間への無頓着さは、そこが外の通りと同質の国家的空間と見なされているからだろう。扉の外側にいる時と内側にいる時では、心のありようも違ってくる。用意してくれた部屋は細長い六畳ほどの部屋であった。

今回の旅行の第一目的は樺太の南の端から北の果てまで、ほぼ均等になるようにハシブトガラスを採集すること、総数で約一〇〇羽が希望値だった。そうすれば、交雑帯のおおよその位置が予測できるだろう。実際の射撃の場面では、ハシブトガラスだけを撃つことは難しい。ハシボソガラスを撃ち落としても仕方ない。ロシアの研究者クリュコフは両種を必要としていたので、無駄にはならない。第二目的はハシボソガラスとハシブトガラスの繁殖の様子、非繁殖のカラスたちの群れ行動を記録しておくこと。昨年の予備調査でも貪欲に記録をとってきたけれど、さらに情報量を増やしたい。二〇〇八年からの生態調査に役立つはずである。荷物を再整理した後、イリヤに用意してきた契約書を示した。狩猟に関して樺太北部、中部、南部での捕獲目標数、諸経費の負担額、謝礼などを書き込んだ文書である。納得してもらい、双方が署名する。ガソリン代や食糧費は随時、必要に応じて私のほうで負担する。四五万円を預かってもらい、目標達成の時に全額渡すということにした。誰かにアドバイスされてこうした形にしたわけではない。間違いのない、トラブルを回避する方法として自分で考えた。人格者のイリヤだから契約書などなくてもよかったのだが、ロシアで「いちげん」の相手と仕事をする時は契約書をきっちり交わしておくことが大切である。このことは、二〇〇九年の大陸側での採集旅行で思い知らされた。

焚火（二〇〇七／六／二十七）

翌朝、イリヤがガレージから車を棟の前に移動させた。一九八〇年代の前半に製造された日産の四輪駆動車で、車体にはSAFARIという名前がついている。後日調べたらランクルよりトルクのある車両だった。しかし、二十年を超える高齢車で、人間なら七十五歳以上の後期高齢中古車である。もう日本国内では走っていないだろう。車に荷物を積んでいざ出発と思ったら、狩猟協会の事務所に立ち寄るという。彼の息子が車の修理部品を用意してきて、父と息子で直している。まだ修理は完璧でないのだ。ここ樺太では、車の修理は修理工場に任せるというものではないらしい。自分で部品を買ってきて直すのが普通なのだ。修理の後でもう一つ、出発前に済ませておかなくてはならない用事があった。国際運転免許証のサハリン島内での使用申請をするために役所に行く。イタリアやスペインではそのまま使用できたのに、樺太では国境警備隊関係の筋からさらに許可を受けなくてはならないという。日露関係は普通の国家間とは違うからだろう。ここで困ったことが起きた。使用許可が出るのは明後日だという。発行を待つだけのために二日間も浪費するなんて耐えられない。全行程の半分くらいは私が運転するという目論見で用意してきたのに、あきらめるしかない。日本国の国際免許証はゴミ屑同然になり、イリヤが初めから終わりまで運転することになった。修理やら、役所やらで時間を食って、ユジノサハリンスクを出発したのは昼を過ぎていた。

　車は一路北に、サハリン地峡を目指す。新巻鮭をブラ下げたときに尾鰭のすぐ上、くびれた部分に対応するのがサハリン地峡である。地峡の手前のドリンスクという町のゴミ処分場に立ち寄る。ここで一羽、再び北に向かって走り始めてすぐにもう一羽を採集する。幸先の良いスタートである。街道から少し西に入り、ソヴェツコエという小さい村に立ち寄る。ここにはイリヤの友人が住んでいて、羊中心の小規模な酪農を営んでいる。上背は高くないけれど、ひげ面のがっちりした体格の男である。握手した時に、ゴロ太い手に驚く。小さな厩舎兼作業小屋に招かれる。過剰に清潔な近頃の日本社会に慣れているものは、ここのむさ苦しさは手ごわく感じるだろう。帰り際に、羊の乳で作ったチーズのような酪製品を土産にもらった。くせのないサラッとした味で美味しい。

車は街道に戻って、オホーツク海を右手に見つつ北上する。抜けるような夏の青空には程遠くても辛うじて晴れているし、オホーツクの海は波静かであった。今夜の野宿候補地を探す。オホーツク海に小河川が注ぎ込むところに砂浜が広がっていた。車を脇道に乗り入れる。街道から波打ち際まで一〇〇メートル以上ある広い砂浜である。野営地は緩やかに起伏する砂丘の陰で、街道を走る車から見えない場所を選んだ。幹線道路だが通行量は多くはなく、夜間は一時間に数台程度である。それでも、面倒を避けるために目立たない場所を選ぶ。暴漢に襲撃されても銃の達人がいるから恐れるには足りないが、いたずらに危険を招くようなことはしないのが熟達者の心得である。本調査は、初日から野営となった。樺太は概して天候が悪い。冬季は猛烈に不機嫌になるらしい。気象予報士はオホーツク海を低気圧の墓場と呼ぶ。日本を通過中に成長した低気圧はこの海で台風並みに荒れ狂い、のたうちまわって消えてゆく。しかし、今は六月下旬、これからの三カ月くらいが心なごむ季節らしい。快晴の日は稀でも、晴れと曇りの境目程度の日が多く、気温もそこそこで寒くはない。去年の予備調査は一カ月早い時期だったので、小雨交じりの曇り空、海霧がたちこめて寒々とした日が続いた。ダートの部分は雨続きで泥の海だった。不幸な体験をしておくというのは、人生の力になる。去年に比べたら極楽のようなものと、お天気に感謝している。手際よく流木を集めてイリヤは焚火を起こす。晩御飯を用意してくれる間に、今日捕獲したハシブトガラス二羽からDNA試料として翼筋の一部を採取し、外部形態測定と特徴を記載する。さらに解剖して、生殖器による性判定までを済ませる。

暗くなって作業が難しくなった頃に夕食ができた。樺太での野営は楽しい。猟師のイリヤは焚火の名人だった。雨の後で薪が湿っていても、上手に点火してしまう。日本では焚き付けは薪の下に置くものと決まっているが、彼は上に置くのだ。薪と書いたが、イリヤの焚火では直径が二〇センチもある枯木が丸ごと使われる。長時間焚くので、行儀よく切り割りされた薪では補給が煩わしい。焚火は調理のためと、暖をとるためである。焚火の暖かさには原始的な心地よさがある。電気のエアコンやガスのファンヒーターが出現したのはつい最近のこと。せいぜい百年足らずの付き合いにすぎない。焚火は違う。ヒトが火を利用するようになった時からの数百万年単位の長い長い付き合いである。月明かりのない晩で、あたりはとっぷりと暮れてくる。ごくたまに街道を行く車のサーチライトが闇を一瞬切り裂く。海は静かで、砂浜に寄せる波の音がかすかに聞こえる。夕食の後、焚火にあたる。我々の血の中に、焚火を好む本能が数百万年にわたり受け継がれているのだろうか。焚火を一緒に囲む者の間には連帯感が生まれる。暗闇と寒さが支配する世界で、焚火の光と暖かさは神の恩寵のようなもの。焚火を共有する者たちの間には、底知れぬ闇の敵意や悪意に対して共に耐える者たちとしての心のつながりが醸成される。焚火からは不規則にいろいろな音が生まれ、更に煙というおまけもある。目に染みる煙は嬉しくないが、焚火で料理すると煙が香りづけしてくれる。焚火のまわりでは話がはずむ。話が中断しても居心地が悪いということにならない。黙って火を見ているだけでも互いに幸福なのだから。時間の節約のために、テントは張らずにサファリの車内で眠ることにする。夜半に雨が降っても困らないようにと、車の下にいろいろな装備を押し込む。

オホーツクの浜辺で墓穴を掘る（二〇〇七／六／二十八）

翌朝は曇って海霧がたちこめていた。食事前にはやりたくない仕事が残っていた。頭部を万能鋏で切断するのだが、カラスの脊椎骨は当然のことながら太くて硬かった。もちろん新品で切れ味が良い鋏だから、エイと一握りすれば切断できる。気の毒だけれど、頭は頭骨標本としてしばらくは日本に、研究終了後はロシアに戻して保管してもらう運命である。でも、胴体は樺太に置いてゆくしかないので、頭と胴は永遠のお別れ。殺生と死体損壊を詫び、砂浜に出て穴を掘って埋めることにする。浜辺に寄せる波は穏やかで、深い海霧のために波打ち際から少し先では乳白色の中に空と海が溶け合っていた。

墓穴掘りは想定していなかったので、携帯用の折りたたみシャベルを持参していない。流木を使って穴を掘っていたら、朝食ができたよとイリヤが呼びに来た。足許に掘りかけの浅い穴、その横の二体の首なし死体を眺めて奇異なことをしているなという表情をする。私なりに説明したけれど、理解してもらえなかったと思う。生命観や死生観が違うのだから、仕方ない。イリヤはロシア正教の信者で、狩猟協会事務所の壁の一隅に祭壇があった。人以外の全生物は神が人のために創造したという考えが基礎にある。私はといえば、人を含めた生物、そして無生物、すべてに仏性を認めている。山川草木悉有仏性という世界観に馴染んでいる。両者の隔たりは大きいらしい。彼は穴を掘って埋めるよりは、草木の根元に放置しておくほうがいいと考えていた。そのほうが自然に早く還るからである。腐肉食の動物が食べてくれるし、残りは昆虫が始末してくれる。地中に埋めたら菌や土壌生物に頼るしかないが、寒い地方ではそれらによる分解過程は遅い。彼の主張のほうが理に適っている。墓を掘るというのは、自己満足にすぎないのかもしれない。他者にカラスの殺害を頼んでおいて、カラスがかわいそうと感傷に耽るのはワニの涙である。

お墓を掘っているとき、気分はとても憂鬱だった。今回の本調査では総計一〇〇体分の解体や首切りを実行しなくてはならない。えらい悪事にはまり込んだことに気づく。重苦しい曇り空と沖から這い上がってくる冷え冷えとした海霧、それらに包み込まれると心が寒々と湿ってくる。朝食の後、再び車はオホーツク海に沿って北に向かう。

日が昇るとともに天候は良くなって、朝方の霧が消えて晴れ間も出てくる。気温も上がってきた。気持ちも自然と持ち直してくる。「嗚呼、私は何と愚かなことを始めてしまったのか。こんなにもおぞましいことを、こんなにも罰当たりなことを始めてしまうとは」と嘆いたところで、どうしようもない。後悔やら懺悔やらをする余裕があったら、この仕事をきっちりと遺漏なく仕上げることだ。カラスを殺して標本をつくるまでの過程は、私にとって想定外の苦痛である。でも、現在の私に課せられているのはアイヒマン的な実務的で無感情、そして徹底性のある作業なのだと言い聞かせる。標本を得た後で、科学者としての義務を果たしたらよい。謎を解明すること。解明した結果を学術論文に仕上げて成果を確定させること。標本やＤＮＡ試料は、信頼できる機関に寄贈して誰もが利用可能にすること。そこまでを責任をもって実行するのだ。

鮭の尾鰭と胴のくびれにあたるサハリン地峡を通過する。サハリン島で一番幅の狭いところの手前にフスモリエという小さい町がある。街道横には小さな駅舎も見えた。駅前の広場に二〇羽ほどのカラスの浮動群がうろついていた。しかし、街中で散弾銃をぶっ放すわけにはいかない。よだれを流してカラスを見つめるだけだ。町を過ぎて長坂を登る。上り詰めたあたりで三叉路に出る。西に曲がって山越えの道を走れば、間宮海峡側の町、イリンスコエに至る。今回はまっすぐに北を目指す。この幹線道路、しばらくは山の中を走るが昨年のように泥の海を走るわけではなかった。

イリヤは車を運転しながらも、カラスはいないかと周囲への目配りを怠らない。彼以上に熱心に鵜の目、鷹の目で私はカラスを捜す。疑わしいものがあれば七倍の双眼鏡で追いかける。地峡の三叉路から一時間少々で道は右に直角に曲がり、間もなく鉄道橋を潜り抜ける。鉄道橋と書いたが立派な橋が架かっているわけではなく、二本のレールが道路の上を跨いでいるだけである。橋のすぐ先はオホーツクの砂浜で、道は直角に左に曲がる。海沿いに北に少し走ると、ヴォストチノエに着く。

小さな川の河口に砂礫混じりの砂浜が広がり、規模は小さいがヨシ原もある。うれしいことに少なからずのカラスが海岸の漂着物や浅瀬の小魚を狙っている。ここは格好の猟場と、車を砂浜に入れる。銃を持って車から降りたイリヤからは、ハンドルを握っていた時のリラックスした雰囲気が消えていた。銃を手にするとアドレナリンの分泌が急上昇して血圧も上がるのだろうか。背筋がピンと伸びて眼光が鋭くなっている。イリヤがカラスの採集をしている間、私は途中で撃った二羽のカラスの処理で忙しい。DNA試料の採集は時間との競争で、死後できるだけ早く採集して純粋アルコール液に浸けなくてはならない。さもないとDNA分解酵素により、急速にDNAは解体されてしまう。高温ほど酵素はよく働くので、夏場に半日も死体を放置していると、DNAが無くなってしまうらしい。液に浸けてしまえば酵素の活動は止まり、長期間保存できる。一時間ほどで処理終了と思ったら、イリヤが三羽の獲物を持って帰ってきた。忙しくなる気配がある。軽い昼食を手早くとると、再びそれぞれの仕事に戻る。次にイリヤが戻って来た時には四羽の獲物が追加された。

カラスの姿も少なくなったのでイリヤは一服入れる。私はといえばカラスの処理で大忙し。ここで採集した七羽の処置だけで四時間はかかる。ひと休みした後、夕食の準備にかかるのかと思ったら、イリヤが始めたのは何と、自動車の修理であった。ハンターからメカニックに変身して、前輪ステアリング部分の修理を始める。ジャッキアップしてから解体修理となる。私がカラスと、イリヤが車と格闘しているときに、見知らぬ男二人がやってきた。警官や国境警備隊員ではなく、近在の住民らしい。どちらが訪ねてきたところでイリヤがいたら安心である。役人やらとの折衝能力が抜群であるということは、山階鳥類研究所の研究員から聞いていた。実際、丁重に威厳を持って上手にあしらっていた。私一人で貧弱なロシア語をもって対応したらどうなることやら。それに、危険も大きい。日本人なら六十年以上も見てきたから、危険な奴を高い精度で見抜くことができる。しかし、ロシア人となると全く別物のエイリアン、危険なロシア人の見分け方を知らない。十分ほどで二人は去って行った。

修理を終えたイリヤはこの日最後のハンティングに出て行った。一時間足らずで戻ってきたイリヤは三羽の戦果をぶら下げていた。うれしい悲鳴が出る。南部での捕獲予定量の半分が採集できたとは快挙である。しかし、一二羽の処置にかかった時間は七時間を超えた。ここの砂浜に着いて以来夕食まで、ずっと折りたたみ机に向かっての作業。夕食にありついたのは日がすっかり暮れてからとなった。とてもハードだったが、格別の充実感を伴っていた。午後からは曇り空だが、風は弱いし雨模様ではない。ヨシ原の中のキャンプ、流木を拾い集めての焚火となる。仕事に無我夢中のときはお腹がからっぽなのに気付かない。作業台を片づける段になって空腹感に襲われる。夕食のできるのを待つ間、腹がひっきりなしに空腹を訴えていた。夕食をペロリと平らげてから、焚火にあたってくつろぐ。時間は一様に流れない。カラスの死体を処理している時と、こうして焚火に当たってぼんやりしている時では流れ方が違う。早いとか遅いというのとは別次元の違いである。砂浜に打ち寄せるかすかな波音を聞き、焚火の炎から揺らぎのある火照りを受けて、幸せな一日が終わる。

酒席（二〇〇七／六／二十九）

翌朝、イリヤが朝食を準備している間に少し離れた草原に行く。両手に大きなポリ袋を提げてお花畑の真ん中まで入る。袋から首なしのカラスの死体を一体ずつ取り出して、一叢の花の根元に置いてゆく。一二回の繰り返し。海抜一メートルのところに咲く花だが、北アルプスの三〇〇〇メートルあたりの高嶺に咲く花に似ている。地上に置かれたカラスの死体は獣や虫や菌により速やかに分解されるだろう。分解されたカラスの体の構成物質が、来年の夏、砂浜に咲く花の体にとりこまれているといいのに。万物は流転する。流転先が美しいことを願いつつ、カラスの骸の処理にひと手間かける。

朝食の後片付けを済ませて荷物を積み込む。次はポロナイスクを目指す。東サハリン山脈がオホーツク海間際まで迫っているので、道は海にはりついて続く。大きな川が流れ込んでいるところだけ町がある。ノーヴォエの町の手前には広大な耕作放棄地があった。国策で維持されていた集団農場の残骸らしい。米ソ冷戦の時代、ウラル山脈の西側からの資金供給で赤字を埋めて、かろうじて経営が成り立っていたのだろう。ウラル山脈からサハリンまでのシベリア地域は、鉱山や漁業のほかには有望な産業が育たない。キッシンジャーが指摘したように、この地域は経済的な価値が低く、シベリアはロシアにとってお荷物なのかもしれない。街を維持するに必要な産業が育たないし、人も集まらない。シベリアでは管理された漁業や林業以外には、永続性のある産業はない。原油や天然ガスは掘り出して売ってしまったら、後には何も残らない。ソ連崩壊後のロシアはアラビアの産油国と同じ、経済的には二流国で地下資源依存から抜け出せない。旧コルホーズの美しく区画整理された広大な耕作地、六月下旬というのに作物を栽培している様子はない。日本で育った者にとってはお天道様と雨水はあって当たり前、感謝することは滅多にない。日本の山々は緑が豊かで、耕作地ではすぐに雑草がはびこる。しかし世界中がこんな土地だと思ったら大間違い。神から見放されたような、継子扱いされているような土地のほうが多いのだ。

ノーヴォエを過ぎて更に一時間ほど走るとポロナイスクの沖積平野に出る。われわれは樺太中部の南縁に入っている。樺太中部には南北に走る二つの山脈がある。東側のオホーツク海沿いに連なるのが東サハリン山脈、西側の間宮海峡に沿って続くのが西サハリン山脈である。二つの山脈の間に南北に細長い平地があり、比較的大きな川が流れている。オホーツク海にそそぐポロナイ（幌内）川の沖積地にシスカ（敷香）ができたのは十九世紀後半のことである。日露戦争の後、北緯五十度線が日露の国境となり、これより南に日本人が入植した。入植者の不足を補うために、ソ連の社会主義体制からはじき出された亡命ロシア人も受け入れた。朝鮮人を半強制的に移住させたりもしていた。シスカの周辺は砂地やツンドラ性の湿地ばかりで、農業や牧畜は沖積平野の山際で営まれていたらしい。

数万年前は砂嘴であったところを、平坦な道路は真っ直ぐに北北東に伸びている。陸側にはヨシに覆われた低湿地が広がり、反対側には延々と砂丘が続く。テルペニア湾が砂丘の切れ目にちらりと見える。街の数キロ手前、ヨシ原にカラスが舞っている。道路脇に黒い小さなポリ袋が散逸し、灌木やヨシにからみついている。ここで、車は海側にそれる。

すぐに番小屋とゲートがあって、一旦停止。元気な吠え声とともに数頭の見るからに野良犬ですという風体の一群がお迎えに出て来る。イリヤが番小屋の主に声をかける。ここはポロナイスクのゴミ処分場である。ゴミ回収車の進入を邪魔しない場所に車を止めて、イリヤは本業を開始する。ここまでの途中で収穫が無かったので、私は車の中で待機となる。一時間もしないうちに四羽ほどの獲物を下げてイリヤが戻ってくる。早速、口腔内の検査をしたり、ＤＮＡ試料の採取を行う。嘴の内側の色、舌の色の記録は死後硬直が進む前に済まさなくてはならない。カラスの成幼は口腔内の色で検査する。赤いのは子ども、大人になると黒くなる。死後硬直というものを私はカラスから教えてもらった。死後一時間くらいだと簡単に嘴を開いてくれる。半日も経つともう絶対に開かない。

極東ロシアのゴミ処分場というのはどこも臭く汚い。日本のようなゴミ処分設備（クリーンセンター）を見たことがない。どこも回収してきたゴミを分別せずに、地上に野積みにする。大きな町の大規模な処分場には金属類のゴミを回収する人たちがいる。薄汚れた風体だが、立派な自営業者と言えなくもない。幼児を抱えた母親も交じっているが、学齢期の児童は見かけなかった。金属ゴミは中国に渡っていくのだろう。ここで回収にあたっている人たちは最下層で、一番搾取されて、一番ワリを食わされているのだと思う。

野積みされたゴミは量を減らすために、乾燥したら野焼きとなる。その後、ブルドーザーで土をかぶせたら、一見したところはきれいな造成地である。ポロナイスク市は財政的に豊かでないようで、土壌汚染を防ぐための下地防水工事はしていない。

さて、ゴミ処分場に集まるのは人間だけではない。圧倒的に多いのはカラスである。カラスとゴミ回収人の間には資源利用で争いはない。一方は生ゴミとネズミ、もう一方は金属ゴミを狙っているので平和的に共存している。夜間は捕食者のカラスがお休みしているから、ネズミたちは安心して生ゴミを選り好みして食べるのだろうか。そうはいかない。夜になればカラスと入れ替わりにフクロウが出勤してくることだろう。ネズミにとって、昼は昼で、夜は夜で空から死が降りてくる。地上を這って忍び寄るヘビもいる。そんな境遇を想像すると気の毒になる。しかし、ネズミたちは自分の境遇を惨めだとは思わない。食物連鎖で下位に生まれたネズミに同情するのは人間の勝手な思い込みだろう。ネズミは生態系での自らの低い地位など気にしない。ただ現在を生きて、食べて、つがっている。「本能」と学習と運に従うしかない。ネズミの死因がカラスになるか、フクロウになるか、ヘビになるか、食中毒になるか、それとも天寿を全うしての自然死になるか、どっちみち誰でも一回は死ぬのだ。小賢しく立ち回ろうと、鷹揚に構えようと終着点は同じである。

イリヤは二回、猟に出てそのたびに獲物を持ち帰った。夏至の頃で陽は高いけれど、今夜の宿に向かうべき時刻になっていた。街道に出て再び北北東に走ると十分もせずに市街地に入る。軍の通信基地を過ぎてすぐに右に曲がり、少し行ったところで車は一旦停止。道の両側は住宅地で、高さ三メートルくらいの塀ですべての家が隠されている。表札も番地表示も無い。どんな家なのか、誰の家なのか見当もつかない。しかし、イリヤはわかっているらしく、車から降りてニコライと大声で呼んだ。三回目に反応があって、ふたことみこと言葉を交わす。車に戻ったイリヤは、幅が三メートル程度の狭い横道に車を進入させる。

住宅地といっても碁盤目状に道があって、家が幾列も並んでいるわけではない。街道沿いに両側各一列だけ並んでいて、その後ろは原野である。五〇メートルほど進んで曲がり、先ほどの家のあたりまで車を進める。どの家も高い塀で囲いをつくっていて、内部の様子は全くわからない。車を止めると犬の吠える声が響き、続いて大きな鉄の扉が開いた。

ニコライの息子である。車を中に入れる。大きな狩猟犬が三頭もいる。シェパードとも、樺太犬とも違う犬種で、このあと別のハンターの家にホームステイした時にも同じタイプの犬に出会った。初めて宇宙に打ち上げられたライカ犬と似ている。体重は四〇キロ前後あって存在感たっぷりである。ちょっと見たところ、三頭とも怖そうな大きい犬なのだが、それぞれには個性があって反応がはっきり違う。同じ犬種でも狩猟犬としての能力には個体差があるらしい。落ち着いて新参者を観察し無駄吠えしなかった犬が一番優秀な個体だった。

犬に挨拶しているとニコライが出てくる。少し遅れて出てきた奥さん、生後一カ月前後の仔犬をかかえていた。とてもかわいい。かわいいとしか表現しようがない。この家族のだれもが、かわいがっている。このチビが一年もしたら体重が三〇キロを超え、後ろ足で立ったら私と同じくらいの高さに頭がくるほど大きくなる。かわいい期間が短いからこそ、かわいさがびっしり詰まっているのだろう。

堅牢な鉄の扉の内側にロシア人はくつろげる空間を持っている。集合住宅に住んでいるイリヤがそうだし、戸建て住宅のニコライも同様である。ここの敷地は五〇〇㎡くらいあって、作業場兼倉庫、野菜畑、自宅で三分割されている。自宅は平屋建てで、ニコライが友人に手伝ってもらって建てたらしい。彼は確かに器用な男で、イリヤの銃の照準をヤスリで要領よく調整していた。しかし、彼並みに器用でない男でも、この地では専門の大工を呼ばずに家を建ててしまう。サハリンを含めてシベリアは開拓地だから、男はＤＩＹで家を建てて当たり前、車の本格的な修理ができて当たり前なのだ。家の修理だから工務店を呼ぶ、車が動かなくなったからといってレッカー車を呼んで修理工場に持ち込むなどという男は生きてゆけない。そもそも、工務店も修理工場もない。あるとしたら一〇〇〇キロも離れた大都市の中心部だけ。人口密度がとても低いから、普通の町や村では工務店も修理工場も経営が成り立たない。素人の普請といってもプロ並みの出来上がりである。窓は二重窓になっていて、玄関を入ってすぐに小さい部屋がある。ここで靴を脱ぐのだが、ここは寒気が室内に直接入らないようにという機能を持っている。雪の季節ならここで雪まみれのコートを脱ぐ。小部屋のドアを開けると食堂兼台所である。かまど兼ストーブ（ペーチカ）があって、煙は煙突に直行させずに、壁の中をめぐらせる。

食卓の横に変わった装置が置かれていた。圧力釜のような容器がヒーターらしきものの上に置かれ、この容器から細いパイプで何かが導き出されている。パイプは隣の大きなバケツの中をグネグネとぐろを巻いた後、更に横の小さな瓶に導かれていく。ゆっくりと数秒に一滴くらいの間隔で、滴が小さな瓶に落ちていた。自家製ウォッカ醸造装置だった。酒税の安いロシアだが、それでも大酒飲みには少しでも安い酒が有難い。合法なのか、違法なのか知らない。小さいグラスでワンフィンガーだけ試してみる。焼酎より強いが、ウイスキーほどのアルコール度ではない感じだった。後日、ロシア語の講師に話したら、このての蒸留酒は危険で常用すると視神経をやられるとのこと。メチルアルコールの成分が混ざっているのだ。戦争直後の日本でもバクダンとかいう強い酒が出回って、失明した大酒飲みがいたらしい。飲んでいいのはエチルアルコール、飲んじゃいけないメチルアルコール（眼散るアルコール）。

冷蔵庫からこの冬に獲ったトナカイの肉の燻製が出てくる。大きな肉の塊をごっついナイフで気前よく切り取る。ニンニク系の生野菜ガザニーニ、薬用酒、黒パン、魚の塩干し、もちろんウォッカもある。シチューも出てくる。ローカルなご馳走が並び、うちとけた楽しい酒宴となった。ニコライが愛用の銃を見せてくれた。イタリア製で、彼の宝物なのだ。ベレッタという名前で何年製かはわからないが、よく手入れされている。イリヤ同様、彼も優秀なハンターで射撃の腕は一流なのだろう。弘法筆を選ばず、書の達人はどんな筆でも素晴らしい書をものにする。しかし、筆に無頓着ということはない。良い筆を見分ける鑑定眼も人並み外れて優れている。狩猟と銃も同様なのだろう。上手な射手が悪い銃で猟をせざるを得ない時は、その特性を知ったうえで補正をかけて獲物を狙い命中させる。銃が悪いから外れたと責任転嫁するのはヘボの証しである。

寒冷地とはいえ、というよりも寒冷地だからこそ屋内は暖かい。ベッドの上に置いたシェラフに潜り込むと少し汗ばむくらいだった。辛いのは夜半にトイレに行きたくなった時である。トイレは母屋内になくて、一度外に出て別棟に行かなくてはならない。玄関を出ると外は星明りのみ。大きな黒い塊がそっと近寄ってくる。一瞬ドッキリしたが、一番性格の穏やかなドーニャだった。塀で囲われた敷地内に三頭の大型犬が放されているのだから、不審者が侵入することはまず無い。開拓地では安全は自己責任で確保するのが常識だから、塀と番犬はとても大切なのだ。極寒の地での室外のトイレというのは高齢者にとっては辛いものだろう。平均寿命の短さでこの困難を「解決」しているのだろうか。

ポロナイスクのゴミ処分場（二〇〇七／六／二十九）

翌朝起きると、鉄の扉が開いていて車がない。早起きのイリヤは、車を外の空き地に出して洗車していた。耐久消費財として大切に扱っているのがわかる。日本では十一年を超えると車の価値がドーンと落ちて放り出されるものが多いけれど、この地では二十年超えても活用されている。サファリの走行メーターは六万キロを表示していたけれど、一六万かもしれないし、二六万もありうるし、三六万だとしても不思議ではない。地球から月までの距離くらい、優秀な日本車は走れるのかもしれない。イリヤが洗車している間、私は昨日の残り仕事を済ませる。一仕事終わって朝食をとる。コーヒーに黒パン、そして昨日のご馳走の残りもの。黒パンは一癖あるのだが慣れてくると、小麦のパンでは物足りなく感じるようになる。処理作業で手に浸み込むカラス臭が気にならなくなったのと同じことかもしれない。

今日の猟場は昨日の夕方と同じ、ポロナイスクのゴミ処分場である。蠅に蚊に悪臭という劣悪な条件で一日中構内にいるのは辛い。途中、昼食をとるために処分場を逃げ出して海岸に出た。一キロも風上に離れたら、爽やかなオホーツクの砂浜である。食事の後の休憩時間もいつになく長くとったのは心の休憩のためか。延々と続く砂嘴。ここはつり下げた新巻鮭の背びれの根元部分に相当する。海を挟んで向かい側に見えるテルペニア半島はここから一〇〇キロも東に突き出している。テルペニア半島に抱え込まれているこの湾の名前は？　テルペニア湾だ。

ただ休んでいるわけではない。蠅、蚊、悪臭から解放されたここでの処理作業は気分がいい。やってる作業が作業だから極楽浄土とは言えないにしても。しかし、午後のイリヤの仕事に同行するために作業を切り上げて、再び苦界に戻る。午前も午後も安定した収穫があり、やや早めに切り上げてニコライ宅に戻る。

庭にテーブルを拡げてその日の採集物の処理作業をすべて済ませてしまう。終わった頃には夕闇が迫り放射冷却で少し冷えてくる。昨日と同様に夕食は豪華だった。今日はシチューに替わってボルシチが出てきた。ウォッカは帰り道に雑貨屋によって買ってきたものを開けた。自家製のウォッカも味は悪くなかったけれど、備蓄用かもしれないから横取りするのは気が引ける。採集が順調に進んでいるので気持ちに余裕があり、ウォッカが進む。

スミルニフ、そしてテイモフスコエへ（二〇〇七／六／三十）

食卓での朝食が終われば、出発である。ニコライ宅の前の道を西に進む。踏切を越えてしばらくの間、両側は湿地である。ヨシ原のところどころに疎林が認められる。民家や耕作地が見えるようになったところで三叉路に出る。ここでポロナイスク湿原が終わる。ここを右に曲がるのが北部に至る街道である。

三叉路だからといってガソリンスタンドや売店を期待してはならない。何にもない。控えめな道路標識がポツンと道ばたに立っているだけである。このあたりで希代の名横綱、大鵬は生まれたのだろう。彼の父親はソ連の社会主義体制からはじき出されたウクライナ人で、ポロナイスクで牧場を経営していた。日露間の領土をめぐるわだかまりが解決したら、このあたりに「大鵬生誕の地」などという碑が建つのだろうか。

ここからの北への道はとても広いダートで、両側には灌木林が続き、一直線に延びている。交通量はいたって少ない。半時間に一回対向車に出会う程度であるから単調さのあまり眠くなる。天候は晴れ、窓を開けて外気を迎え入れないと暑い。日が昇って路面が乾燥してきた。土埃が猛然と舞い上がる。振り返ると、舞い上がった埃で後方が全く見えない。対向車も土埃を巻き上げて走ってくるから、対向車を見たら急いで窓を閉めなくてはならない。自動式ではないから、手動で小さなハンドルをクルクル回す。ぼんやりして閉めるのが遅れたら、土埃が猛然と隙間から侵入してくる。

運転しているイリヤにとってはもっと恐ろしい脅威がある。平坦なダートに突然出現する大穴である。四〇センチ程度の深い穴が何の前触れもなしに待ち受けている。車速が六〇キロ以上だからうっかり見落として突っ込んだりしたら大変なことになりかねない。サスペンションや車軸を傷めることになったら、進退に窮まる。修理工場もないし、レッカー車も呼べないし、部品屋もない、とんでもない過疎地を走っている。大穴は予見不可能で、ただただ前方を注視して回避するしかない。

時折、一車線ほどの狭い道が街道と直角に現れる。はるか先に、開拓の集落が見えるときもあれば、細い道が雑木林に吸い込まれていることもある。二階建ての住居は例外で木造の平屋建て、周囲には野菜畑がある。街道沿いの町は二〇キロ、三〇キロに一つくらいの間隔で分布している。突然、街道脇に大木が並ぶ風格のある区間が現れて、われわれはスミルニフという街に入ったことを知る。イリヤが住民にゴミ処分場の所在を聞いている。少し北に走っての街はずれ、何の標識もないところで脇道に入った突当りがこの町のゴミ処分場だった。ポロナイスクのように一〇〇羽を超すようなカラスの群れがいるわけではないが、期待させる程度の数は浮動している。ここは良く管理されていて、処分場入り口から して清潔である。新しいゴミ処分区画が造成中で、下地工事もやっているらしい。周辺は雑木林に囲まれている。車をゲート横の駐車場に止める。

イリヤは銃を携えて林に消えていった。途中での捕獲がゼロなので、私は車の中で待つしかない。さわやかな初夏の風が吹いているのもポロナイスクと違うところ。あそこでは悪臭フンプンで、野良犬がけたたましく迎えてくれたが、ここは静かである。時間帯が違うからか、金属ゴミの再回収人も見えない。すべてがのどかなのだ。時々銃声がして、カラスの群れが湧き上がる。銃声と次の銃声の間は至って静かである。これはあまり期待できないかもしれないと待つこと三時間。意外にも六羽ほどの獲物をイリヤが持ち帰ってきた。予想外の大戦果だった。しかし、林内に潜伏しての待ち伏せ行動なので、蚊やらアブに刺されて大変痒そうであった。日本で用意してきた痒み止め効果抜群の抗ヒスタミン軟膏を手渡す。

出発前に、一休みついでに昼食をとった。再び、車は北に向かう。東西両サハリン山脈に降った雨水のほぼ半分は、両山脈の中間を南北に走る低地に集まる。ほぼ北緯五〇度より南側ではポロナイ川となって広大な低湿地を蛇行しながら南下して、ポロナイスクで海に注ぐ。五〇度線の北ではテイモフスコエ川となって低湿地を延々と蛇行するのだが、今度は南でなく北に流れる。旧日露国境は注意していないと見落としてしまうほど地味な標識があるだけであった。道路は両山脈の間の平地を走っている。広いダートの道がどこまでも単調に続き、車は七〇キロほどで走る。そういえば、州都を出て以来交通信号に出会ってないように思う。ポロナイスクの鉄道踏切に信号があっただけである。

時々車は徐行運転に入る。時速三〇キロ以下にまで落として町や村をおとなしく通過していく。道はこれまで同様に広いし、人通りは無く、駐停車している車もないのにノロノロ運転に変わる。交通規則で集落内は徐行と決まっているけれど、それよりもどこかに潜んでいる「追いはぎ」が怖いのだ。ロシア人の交通警官嫌いは日本人には想像しがたいものらしい。なんせ、社会体制が変わってからというもの、公務員の賃金は無茶苦茶切り下げられた。民間に比べてかなりの低賃金で働いている。給料だけでは生活できないので、賄賂が横行する。ロシアの笑い話（アネクドーテ）に、「車の旅は快適だ。速いし、安いし。ただし、交通警官に遭わなければね」というのがある。難癖つけて反則切符を切ろうとするらしい。反則金を逃れるためにいくばくかの現金をそっと渡すのだという。

三時間ほど走ってテイモフスコエの入り口に着く。ここで給油をしておく。去年の予備調査でもここでガソリンタンクを一杯にした。日本のように至るところにガソリンスタンドがある土地ではない。給油できるところで満タンにしておくのがサバイバル運転術である。次に、中央広場周辺の雑貨屋で食糧を調達する。珍しいものに出会った。広場の真ん中にレーニンの大きな像が台座の上に立っている。広大なロシアでもスターリンの像はほとんどが破壊されたが、レーニンの方はこの地のように生き残っていることがある。この広場は芝生や樹木を欠き、無機的で砂漠のようであった。大きな像を見上げて思う。人間は大きなものに服従する傾向が脳回路の深部に存在するのではあるまいか。権力者は大衆を服従させる装置として、自身の像や建国者の像を公園の中央や政府庁舎の玄関に建てる。たいていの像で、顔の位置は地上八メートル程度の高さにくる。人民大衆が仰ぎ見るような位置関係である。人は自分より小さな像に対しては畏敬の念を抱けない。言いつけを聞き、素直に従う気分になるのは、自分の身長の四倍程度の大きさがいいらしい。この比率はつかまり立ちを始めた頃の幼児の身長と、親の身長の比率である。この段階では幼児にとって親は絶対的な保護者であり、言う通りに行動すれば愛され、逆らうと罰せられる神のような存在である。これよりも遥かに大きい像もあるけれども、威圧の効果は強まっても親愛の情は薄れてゆくのではあるまいか。ソ連時代のロシア人はこの広場を通るたびに「父（共産党）の言うことを素直に聞き従えば、幸せになれる」というメッセージを像から受け取っていたのだろうか。近頃はレーニンに対しても風当たりが強くなっているので、この像がいつまで残っているかはわからない。

テイモフスコエのゴミ処分場は街の北側、街道脇にあった。陽は高いけれど午後の四時を過ぎている。車を道端に止めて、イリヤが仕事に出る。車の往来がやや多く、外は土埃が舞っている。昼前に採取したカラスの応急処理を車内でやる。後方から来た車が減速して横を通り過ぎた後、路肩に止まった。中から中年の男が出てきて、「車が故障したのか」と聞いてきた。カラスの死体が見えないようにして、「問題ないよ、ありがとう」とロシア語で答える。相手は東洋人が乗っていたのに驚いたようだが、安心して車に戻り走り去った。一年ほどロシア語初級クラスに通った成果である。

イリヤは一時間ほど頑張ったけれど、戦果は乏しかった。猟を切り上げて、今夜の野営地探しとなる。少し北に進んだところで街道からそれて、テイモフスコエ川の河川敷に進入した。一面のヨシ原で所々に耕作放棄地がある。ぬかるみの程度が軽いので、どんどんサファリで中に入っていく。こういった環境ではとても頼もしい車である。ランドクルーザーを凌ぐ悪路の走破性の高さに驚く。地面の乾いたところを選んで、野営地とする。イリヤが先ず始めるのは焚火である。次いで夕食の準備となる。その間に私は組み立て式のテーブルをセットして、昼間にやり残した死体処理作業に専念する。使い捨ての手袋で作業していても、カラスの皮脂臭や内臓臭が手指に移る。作業の後はアルコール系のウェットティッシュで拭くけれど、完全には取れない。しかし、慣れというすべての生物が持っている特性は素晴らしい。初日には食事の時に気になったカラス臭が、三日もすれば何の抵抗もなくなる。

今日の野営地は広大なテイモフスコエ川湿原に臨む素晴らしい立地である。おまけもある。天候に恵まれた一日の締めくくりとして、ヨシ原に沈む荘厳な夕日に出会えた。高緯度の夕陽はゆっくり沈む。完全に沈む前からひんやりとしたよそよそしい空気が這い寄ってくる。眼からの刺激と皮膚からの刺激がせめぎ合う、心の和む美しい日の入りと皮膚を逆立てる冷たくなった外気。弛緩と緊張という異質の刺激に出会って奇妙な感情の高まりに出会う。副交感神経と交感神経が同時に刺激されるからだろうか。陽が沈んだら、星の光と焚火の炎の他は暗い闇しかない。街道から離れているので車の音も聞こえない。人家もないから灯りもない。静寂、闇、星の光、焚火の残り火。車の中に入りシェラフに潜り込んで思いっきり背伸びをする。体だけでなく心もリラックスして、スーと力が抜けていく。機嫌のいい時の大自然の真ん中で、暖かい寝袋に包まれて眠りにつく。

遂に北部の街、ノグリキにたどり着く（二〇〇七／七／一）

翌朝も天気に恵まれた。起床は四時、この時刻には朝日が北北東方向からのろのろと這い出てくる。食事に野菜がほとんどないから、娘が出発前にくれた野菜のサプリ五錠を毎朝飲んでいる。サプリなんて嫌いだが、こうした野営生活では頼らざるを得ない。朝食を簡単に済ませてキャンプ地を後にする。昨日の猟場に戻って再挑戦したが、頑張ったわりに収穫は乏しい。あきらめてノグリキ目指して北への街道を進む。間もなく昨年到達した最北端を通過する。

いよいよ未体験のゾーンに入る。樺太の中部と北部の境あたりを進んでいる。十九世紀末、樺太北部はロシア人にとってはどうでもいい不毛な地域、流刑囚による農業植民にも使えない永久凍土の大地であった。そこに住むのは移動生活するギリヤーク人たちだけで、アザラシ、鮭、テンなどを狩猟して生活していた。二十一世紀初頭、時代は変わり、海底から原油や天然ガスを絞り出すことにロシア人が夢中になっている。

道路の両側の景色が変化してきたのがわかる。これまで同様にシラカバやカラマツ主体の貧弱な雑木林なのだが、樹高がさらに低くなってきたし、疎林という感じが一層強まってきた。道は樹海内を一直線に走っている。道幅も相変わらず広く、車速は六〇キロ前後を保っている。集落の間隔は以前より広くなり、たまに通り過ぎる集落も小さい。一時間ほど走ったところで車が唐突に止まった。

前方二〇メートルのところで道路がスッパリ断ち切られている。行き場を失った雪解け水の奔流がひと暴れした後である。道路に沿って四、五メートル低いところに逃げ道がある。低いだけにぬかるんでいて轍が深い。去年使用したデリカでは立ち往生してしまうだろう。車一台がやっと通れる幅である。しかし、高齢車とはいえサファリは逞しい。深い轍に振られながらも立ち止まることなく難所を走り抜けた。再び街道に這い上がって快調に走り出す。ノグリキに着くまでに三カ所ほど、このような関門があった。

ノグリキは近年になって急速に発展した。二十世紀末から本格化したサハリン油田の開発の恩恵をこうむっている町の一つである。道路も市内ではほとんどが舗装されており、管理もよい。州都ユジノサハリンスクよりもインフラが整備されている印象である。辺鄙な田舎町だったのに飛行場まで作られた。ノグリキの街はずれのゴミ処分場に辿りつく。処理の基本スタイルは他所と変わらないから生ゴミが無分別に野積みされ、それ故にカラスの数は多い。しかし、造成途中の区画では下地工事がなされており、ポロナイスクなどより一ランク上である。車を道路わきに停車させて、イリヤは銃を持って敷地内に入っていく。ここまでの途中で三羽採取しているので、待ち時間が全くの無駄になることはなかった。

一時間半で処理作業は終わる。天気は良いし丘陵地をわたる初夏の風は心地よい。処分場内だと悪臭でさわやかとは言い難いけれど、ここは処分場から僅かに離れた舗装道路の際である。車の往来は昨日のテイモフスコエ郊外よりも多いが、心配したり不審に思ったりして車が止まることは無かった。人情が薄いのかもしれない。十歳前後の男の子が二人、道路をふざけながらぶらぶら歩いてきた。車の外に置いてあった調査道具に関心を示し、チラリと車のほうに視線を移してから持ち去るような気配を示す。躊躇なくドアを開けて声をかけると、きまり悪そうに無言で去って行った。ぼんやりしていたら置き引きされたのだろう。

二時間ほどの潜伏で四羽の猟果をあげてイリヤが戻ってくる。今日の狩猟は合計で七羽となった。やや少なく感じるが、満足しなくてはならない。ノグリキの北の外れにある猟師小屋に向かう。街道横の小高い丘の上に民間の通信施設がある。ここの鉄塔の裏側に今夜の宿があった。鉄道のコンテナを一個運んで来て空き地にボンと置いたみたいな外観である。屋根は平ら、内部は料理場兼倉庫と居間兼寝室の二区画に分かれている。北に雑木林、東は空き地でその向こうに住宅や食料品店がある。出かけて行って水や食材を買い込む。ウォッカも一瓶買った。イリヤは酒を飲まない。私のために買い求めたものだが、酔うのが目的ではない。奥歯が少し痛むので治療用に購入したものである。慣れない遠征旅行の疲れか、ポロナイスクのニコライ宅で飲み過ぎたか、今日は昼頃から奥歯が痛んだ。夕食の後の歯磨きは塩をたっぷり歯茎に擦り込んで水ですすいだ後、ウォッカを含んでグチュグチュゴックンを三回繰り返す。痛みはかなり和らいだ。旅行保険には入っていても、歯の治療はカバーしてくれない。痛くなったからといって、歯医者が近在にあるわけでもない。あったとしても、高い治療費を払わされるだろうし、一回の治療では済まないかもしれない。医師の技術もあてにはならない。ここは自分の自然治癒力を信じるしかない。

猛禽類のための繁殖支援塔（二〇〇七／七／二）

翌朝も同じおまじないをしたら痛みは気にならない程度になって、いつの間にか奥歯のことは忘れてしまった。塩とウォッカが本当に効いたのだろうか。いや、やぶ蚊に刺された強烈な痒みで、奥歯の痛みが帳消しにされたのかもしれない。

というのも、ここの猟師小屋もトイレは外。北隣の林の端にあった。トイレといっても一メートル四方の木製の掘立小屋で、かなり古い。出発前、床が抜け落ちるのを心配しながら用便を済ましているときにチクリと軽い痛み。トイレから出た後、時間とともに尻のあたりが痒くて痒くてたまらなくなる。卑怯者め、無防備で動きようがないのをいいことに、背後から攻撃してきよった。血をたらふく吸った上に猛毒まで置いてゆくとは。人間中心に考えればこのようになる。でも、やぶ蚊はやぶ蚊で「盗人にも三分の理」である。血を吸わなければ子を産めない。「毒というけど、針をスムースに刺すための潤滑油であって悪意はないよ」とかなんとか言うに決まってる。

昨日の夕方、小屋の前で、例の作業台を出して死体の処置をやっていたときにはブンブンと耳元を蚊が飛んでいた。帽子をかぶってモスキートネットで頭部を覆い、手は長袖とゴム手袋で防御していたので蚊の奴らは血を吸えなかったのだ。朝のトイレの時もモスキートネットで顔を防御していた。でも、尻は無防備であった。排便用の使い捨てモスキートネットが売り出されたら確実に売れるはずだ。夏に極圏でアウトドアをやる奴なら、一日一ネットは消費してくれる。

丘を下り街道に戻ると再び北に向かって走り出す。ノグリキから北に向かう街道は緩やかに続く丘をいくつも越えてゆく。稀に海が遥か右手に見える。地図で見るとオホーツク海そのものではなく、砂嘴によって遮断された内海であることがわかる。オホーツク海まで数キロから二〇キロ程度、海と付かず離れずしながら街道は北に延びる。

しばらく走ると丸太で組み上げた塔が見えた。高さは二〇メートルを超える、街道から一〇〇メートルくらい入ったところに立っている。大型猛禽類の繁殖支援として建てられたものらしい。営巣しているのかどうか、十分間程度立ち止まっただけではわからない。このような不細工な塔で猛禽をサポートしなくてはならないくらい、サハリンの自然環境は悪化しているということなのだろう。サハリン南端のコルサコフからここまでの道中で、樹高三〇メートルクラスの高大木には出会えなかった。北部のこのあたりでは両側に広がるのは灌木林ばかりで、極めて貧弱な森林環境である。燃料用の薪として街道筋の森林は頻繁に伐採されるのだろう。石油開発がらみで、パイプラインの敷設が奥地で進んでいる。乱暴に自然植生を切り剝いでパイプを埋めてゆく。その過程で大型作業機械を運び込むために工事用の道路を通す。乱暴な道路工事で土壌流失が進んでいる。更に、この道路を使って以前なら伐られることのなかった奥地の高大木が伐りだされている。サハリンでは自然保護など眼中にない山師たちが跋扈している。外国資本による乱暴な工事によりサハリンの自然環境が破壊されたと主張して、ロシア政府は油田開発から外資を締め出した。ところが排除した後、状況は更に悪くなっているらしい。繁殖支援塔を後にして、一路北へ。町と町の間隔は更に広がっている。

ノグリキの後、大きな町はない。それでも比較的町らしい集落ではゴミ処分場の場所を聞く。訪ねた二カ所は規模が小さいのと時間帯が悪いのが重なって、カラスの姿は少なく収穫も芳しくなかった。北部の真ん中辺だから、想定される交雑帯、あるとしたらこのあたりかもしれない。何としても採集数を伸ばしたいのだが、猟の成否を決めるのは、技量、執念そして運である。北部に入って悪い条件下でも、それぞれの処分場で数羽のカラスが捕獲できた。こんな時に「数羽しか捕獲できなかった」と思うのと、「それでも数羽のカラスが捕獲できた」と思うのでは随分違う。戦況が悪い時には、後者のように考えることにしている。それぞれの場所で一時間ほど寄り道をしつつ、車は北に向かう。

バルの処分場に向かう進入路の横にやや大きな墓地があった。ロシアでは教会と墓地は別のところにあるらしい。この墓地は耕地と空き地に囲まれてとても明るく、それぞれの墓は色鮮やかなプラスチック製の造花に飾られている。さらに墓石には故人の遺影のプリントがブロマイドのように写し込まれている。亡霊とか怨念とかが漂うような墓場の暗さがまったくない。フラットな真昼の太陽とあっけらかんとした墓地、そして周囲の奇妙な静けさ。

そういえばロシア正教の教会もえらく派手な外観と内装になっている。二年後、ウラジオストクに滞在している時に訪ねた中心部の聖堂は見事だった。白い外壁と巨大な黄金の玉ねぎ屋根。内部には黄金のイコンがずらりと並んでいる。聖人の顔を除いて、衣服も黄金、背景も黄金、外枠も黄金、黄金づくし。墓場といい教会といい、日本とは趣が違う。いろいろな文化的歴史的背景があってのことなのだろう。しかし、私には気候風土の違いが大きく作用しているように思えてならない。くる日もくる日も果てしなく続く憂鬱な天気、空が鉛色の雲に閉ざされて何カ月も太陽を見ることのない土地である。正教会の黄金の玉ねぎは太陽の表象なのだろう。一年の大半は気持ちがふさぎ込み、陰気な酒に慰めを求めたくなる自然なのだ。墓場は明るいほうがいい。

北に進むにつれて景観は厳しさを増してゆく。永久凍土帯に入ったらしく、貧相な灌木林に替わってハイマツ林が優勢になる。ところどころに疎林が散在している程度である。北サハリン平野に入ったのだろうか。やや雲が多くなってきたけれど、晴れの範疇の雲量七である。

午後五時頃にトゥンゴルに着く。北端のオハという街の三〇キロ南に位置し、今日に限れば一番大きい町に辿りついた。ゴミ処分場はノグリキに比べたらずっと小さく、ゲートもなく門番もいない。それでも金属ゴミを漁る人間が一人だけいた。カラスの数は規模の割に多いので、腰を据えて採集作業をすることになる。サファリを処分場を見下ろす小高い丘の上、灌木の茂みの中に止める。今夜はここに野営して、日没前と日の出の頃に猟をするという算段である。ここが札幌より一〇〇〇キロ北の地であることは、日没の時刻と太陽の軌道で納得できる。太陽の軌道は水平線に限りなく平行なので、日没の時刻がいい加減である。午後十時頃には沈んだようだが、照度の変化はとても緩慢だった。真夜中過ぎには星も見えるけれど、北の地平はぼんやりと明るい。北緯五五度程度では白夜はない。しかし浅く沈んだだけの太陽のせいで、真っ暗闇にはならない。夜が明けるのも早い。午前三時過ぎにカラスの声を聴く。ノグリキの猟師小屋に泊まった昨晩は、屋根のある小屋の中で眠ったので太陽の動きに無頓着でいられた。丘の上での車中泊となると、太陽の動きを一晩中観察できる。熟睡できるようにと遮光カーテンを備えたキャンピングカーと違い、武骨なサファリの車内では自然はガラス一枚隔てるのみである。

しかし、夜間の冷え込みは弱く寝袋の中で伸び伸びと熟睡できた。快晴だったら放射冷却がきついだろうから、海老のように丸くなっていたかもしれない。

北端の街、オハ（二〇〇七／七／三）

日没前の猟も、日の出の後の猟も華々しいものではなかった。意気消沈しそうになるが、「少ないとはいえ、ゼロよりはまし」とポジティブであろうと努める。本音のところは、サハリン北部は交雑帯の存在が期待されている地域だから、何としても採集実績を伸ばしたいのだ。南部、中部以上に、北部での採集は重要なのだ。イリヤもこのことは承知して、気合を入れて頑張っている。なのに、テイモフスコエを過ぎて北部に入って以来、不振続きである。満足な成果が得られたのはノグリキだけだった。

走行中、私は助手席から血まなこになって周囲を監視してきた。北に向かうにつれて、車窓からカラスを発見することが少なくなった。北部では生息数が少ないのだろうか。集団で行動するものが多いので、遭遇するのが難しいのだろうか。しかし、今は繁殖期である。繁殖中のカラスはつがい単位で分散しているから、他の季節よりも発見しやすいはずである。繁殖つがいの密度が低いのだろうか。それもありなん、ハシブトガラスが営巣に利用できそうな高大木がみあたらない。町のゴミ処分場はおしなべて小さく、集まっていたカラスの数も少ない。運が悪いとか努力が足りないという問題ではなく、カラスの生息数自体が少ないようにみえる。でも、最北端の街、オハが行く手に待っている。北部では最大の街であり、飛行場もあるし、サハリン油田の開発拠点でもある。勝負はこれからだ。トゥンゴルでの猟を切り上げて簡単な朝食をとる。周辺は朝霧に包まれて視界は数百メートル、肌寒い。中天は薄曇りである。

ここを出発して間もなく、急に霧が晴れて視界が開けた。ゆるやかな起伏が地平線まで連なり、植生は低木のハイマツが主で疎林はごく稀である。コケモモなどの野イチゴ類が多くなったのはツンドラ地帯の証しだろう。遥か彼方に街らしきものが見える。最北の街、オハである。まぎれもなく、北サハリン平野の景観が広がっている。この頃には霧も、薄くかかっていた雲も消えて夏らしい青空が輝く。夏の太陽が顔を見せると、にわかに暖かくなる。道路と直角に小さい川が流れているところで車を止める。濁りのないきれいな水で、さほど冷たくない。ここで顔を洗いひげをそって、ついでに全身を水拭きする。稚内を発って以来、風呂もシャワーもなしでやってきた。空気が乾いていて気温も低いから、一週間や二週間はどうということもない。体臭のきつい相手と一緒だったら香水の世話になるところだが、イリヤは気になるほどではなかった。体をきれいにして爽やかな風を受けての日光浴は気分がいい。しかし、観光に来ているのではない。やることがあった。これまでに採集した頭骨の水洗いと、ケースの水の入れ替えである。人間の体臭よりも、ケースからの悪臭が気になっていたところである。

心身だけでなく頭骨収納ケースもリフレッシュさせて、最北の採集地、オハを目指す。緩やかな起伏があり、丘の上は道が乾いて締まっているが、谷の部分では道がぬかるんでいる。オハは大きな丘の上につくられた古くからの街である。米ソ冷戦時代にソ連の最前線となった頃につくられた旧市街、ここの軍関係の施設は今も命脈を保っているらしい。もう一つの新市街は油田開発にともなって生まれた部分。街は幅五キロくらいの潟湖を挟んでオホーツク海に面している。サハリンの北部、オホーツク海に面した側の海岸地形は特異である。本来の海と陸の境界は凹凸があるのだけれど、浸食と海流による堆積によって長大で一直線の砂嘴が発達している。砂嘴は延々と続いており、たまに途切れるところがある。オハやノグリキは砂嘴が途切れて外海と連絡ができる地形のところにつくられた街である。道路や鉄道といった陸上交通はインフラ整備に多額の経費がかかるので発達が遅れている。二つの街は砂嘴の隙間を利用した海上交通により大陸とつながり、これまでは細々とやってきた。今は違う、油田開発で焼け太り中で、人や物の移動が活発になっている。

オハに入る坂道を登りきったところにガソリンスタンドがある。ここでたっぷりと給油する。ガソリンの値段がサハリンで一番高い。三〇キロ先の海底から原油が掘り出されているというのに。ガソリンの値段が原油採掘現場に近づくにつれて高くなるというのは皮肉である。理由は簡単で、精油施設は遥か離れたサハリン南部や大陸側にあるからだ。製油所からの距離に比例して輸送費が上乗せされるので価格が高くなる。公平性を重視したソ連の時代だったら国家が価格を操作して、原油生産の地元ではガソリン価格を逆に低くできたであろう。しかし、市場経済に移行したロシアでは、平等よりも企業の自由（利益追求）が優先されている。

オハの街に入り、狩猟協会北部支部長の家に向かう。ソ連時代につくられた集合住宅群までは迷うことなくたどり着いたが、このあとが大変だった。どの棟もよく似ていて、いや似ているなんてもんじゃない、そっくりだ。玄関の鍵まで同じという場合もあるらしい。日本だとベランダ側に各家庭の個性が出るものだけれど、寒さの厳しい土地なのでベランダはどこも同じようにガラス張りである。園芸植物は温室化された内側で育てられている。そのガラス、外が掃除しづらいために汚れているから、中側はうかがい知れない。棟の表側も裏側も個性がない金太郎飴構造、しかも各階段の入り口扉に居住者名の表示もない。行ったり来たりした挙句、ようやくとある棟の階段下に辿りついた。代わり映えのない灰色の鉄の扉、インターホンに向かってイリヤが一言、二言。扉が自動開錠された。扉の内側の階段も殺風景である。階段を上がり、ある階の玄関にたどり着く。不愛想な玄関扉横の呼び鈴を押すとすぐに扉が開いた。

玄関に出てきた北部支部長を見てびっくりした。ヒグマなみの巨漢なのだ。身長は一八〇センチをゆうに超えているが、背の高さなど問題外だ。すごいのはボリュームである。後で聞いたところでは、体重は一五〇キロを超えていた。こんな巨大な人間を間近に見るのは初めてだった。室内は暖かく半袖のTシャツだから、丸太のような腕の太さに圧倒される。グローブのような手と握手をする。意外にもごつごつした感触ではない。表情は温厚で知的な印象を受ける。年齢はイリヤより少し上で、私と同じくらい。奥さんが出てきてわれわれに挨拶をする。旦那の横に立つとすらりとした感じになるが、ふっくらした優しくて聡明な感じである。

玄関を入ってすぐの部屋は支部長としての執務室で、狩猟関係の来客とここで応接していた。手入れの良い観葉植物が飾られていて、良く片づけられた機能的な感じである。執務室の扉から内側が自宅である。この扉から内側が彼らの私的な空間となる。床には上質のカーペットが敷かれ、家具調度品も趣味がいい。子どもたちは独立して、絵にかいたような悠々自適の年金生活者である。現役で働いていた頃にはかなりの社会的地位と報酬を得ていたのだろう。

イリヤは北部支部長と狩猟協会の実務的打ち合わせを済ませる。その間に昼食が準備されていた。昼食の後、支部長も同行してのカラス採集となる。支部長はひざの具合がよくないのに、銃を持って助っ人に来てくれた。座席の位置が高いサファリでなしに、乗り降りが楽な彼の車で出発する。日本製の普通乗用車だからか、彼が運転席に座ると座席が軋み大きく沈みこんだ。座席のたわみ方が尋常でないのが後部座席の私にはよく見える。せいぜい体重一〇〇キロくらいまでを想定した設計なのだろう。想定を五〇キロも超える乗客に座られたら悲鳴が出ても仕方がない。

街外れのゴミ処分場に向かう。処分場に続く道は丘の上を走っていて、東方に海のように見えるのは潟湖である。古くからの処分場を単純に拡張しているらしく、スミルニフやノグリキで見たような地下水系の汚染防除対策はしていないらしい。処分場として使われている谷は広く深い。ここは規模においてノグリキの数倍以上もある。処分場ゲート手前に駐車して二人のハンターは銃を持って猟に出る。私は車内に残って周辺を双眼鏡で観察する。

処分場内と周辺を遊動するカラスの数は中部のポロナイスクの半分程度の感じである。ゲートを出入りするゴミ運搬車の数はポロナイスクよりずっと多く、車両サイズも大きい。オハの入り口から支部長宅までの街の印象からして当然のことだった。街の規模が大きく、活性もずっと高いから、排出されるゴミの量は多くなるのだ。カラスの餌が多いのなら、もっと多くのカラスがいてもよさそうに思う。この予想と現実の落差は、カラスの繁殖環境にあるのだろう。サハリン島北端のこの地域は森林が発達せず、営巣場所が少ないからではないか。

樺太のような単純野積み方式のゴミ処分の場合、ゴミ処分場を見たらそこに住む人たちの暮らし向きがわかる。ゴミとは捨てられたエントロピーである。この宇宙にあるすべての存在は物質とエネルギーを得て、変化してゆく。生き物は現在の秩序を維持するために、外から物質とエネルギーを取り込んで消費する。「生きる」とは体内で常に生産される死（無秩序とか老廃物）を外部に捨て、替わりの生（秩序）で置き換えることである。体内の秩序は一瞬たりとも崩壊することを止めない。壊れた秩序の残骸をエントロピー（ゴミ）として外部に放出する。

われわれに身近な赤血球の生成と消滅の場合を考えてみよう。ヒトの血液中には膨大な数の赤血球が存在する。骨髄で一日当たり二〇〇〇億個の赤血球が生産されて血管に供給される。平均百二十日で劣化し機能が低下すると脾臓や肝臓で壊されるが、多くの素材はリサイクルされる。ごく一部分が体外に排出される。人糞が黄色いのは赤血球の分解で生まれたビリルビンという物質のせいである。われわれは排せつ物の中に崩壊した秩序、物理学的な表現ではエントロピーを見ているのだ。

街という存在も同様で、絶えず無秩序が生産されて、外部にゴミとして捨てる。捨てなければ、有機体は生存できない。物質とエネルギーが滞ることなく取り込まれて、変化し、排出されてゆくことでヒトも街も生きてゆける。便が出なくなったら、尿が出なくなったらどんなことになるか。老廃物はたまる一方で、システムは存続できなくなり死んでしまう。その好例はどこかの国の原子力発電事業だろう。原発は運転する限り放射性廃棄物という厄介なゴミを生産し続ける。ゴミ処分の技術も体制も無いのに発電を優先してきた原子力発電所は、ゴミを発電所内に貯め込んで運転を続けている。大腸、直腸にどんどん糞がたまり続けているのに、口から食べ物を貪欲に取り込み続ける黙示録的な怪物である。

二人のハンターは二時間ほど頑張って相応の成果を上げて戻ってきた。カラス撃ちがはじめての支部長だったが戦果はゼロではなかった。二人の健闘には頭がさがる。時刻は午後五時を回っていたが、曇天で太陽がどこにあるのか見当もつかない。明るさだけでは時間もわからない。街に戻る途中、カラスが集まりそうなところがあるというので寄ってみたが気配もなかった。

支部長宅に戻り私は棟間の空き地に止めたサファリの中で、死体処理に取りかかる。午後八時前には終了して室内に移動する。夏至を少し過ぎたくらいだから屋外で新聞が読めるくらいに明るい。夕食の前にシャワーを浴びる。当然といえば当然かもしれないが、暖かいお湯が出るのに驚く。稚内を出て以降初めてのことである。夕食も結構なもてなしで、ワインも出てきた。話もはずみ、支部長は子どもたちや孫たちの写真を見せてくれる。日本を出る前に用意してきた家族やペットの写真が思いがけないところで役だった。家族を思う気持ちはどこの世界でも基本的には同じらしい。当然といえば当然で、類人猿から分かれて四百万年の歴史の中でロシア人と日本人が分岐したのはたかだか十万年前の出来事にすぎない。会話は英語とロシア語の混合で、込み入った内容を流暢に伝えるまでにはいかなかった。しかし、一年ほどでもロシア語を真面目に学習した効果は大きかった。全くの英語頼みよりも現地語を積極的に取り込んだほうが、心が通うものである。

最北端での苦戦（二〇〇七／七／四）

翌朝、イリヤと二人でオハの処分場を再訪した。場内にも進入したし、昨日は行ってない谷向こうの丘にも乗り入れて頑張った。しかし、満足できる数のカラスを得ることはできなかった。中部よりも努力しているのに猟果が少ない。遊動しているカラスが相対的に少ないだけでなく、狩猟者が獲物を十分にひきつけてから撃てる環境が少ないことも関係している。オハでは植生が貧弱で、狩猟者が潜伏できる場所が限られている。イリヤが使用している散弾銃は強力で五〇メートル程度の距離なら確実に落とせる。けれど、七〇メートルの距離では半矢となって、羽が空中に舞うだけでカラスは逃げてしまうことが多い。四時間ほどで切り上げて支部長宅に戻る。イリヤが支部長と狩猟関係の話をしている間、サファリの車内で死体処理の作業に専心する。

昼前にはオハを後にして、復路についた。これからは南へ南へと往路を戻っていくことになる。助手席に座り双眼鏡はひざの上に置いて前方に眼を凝らす。景観に注意を払いつつも、ひたすらカラスの発見に神経を集中する。一羽でもいいから手前で発見して採集の機会を増やしたい。左右に四五度の範囲で視線をスイープさせる動作の繰り返しである。しかし、バルの町までの街道沿いでカラスと出会うことはなかった。往路で寄ったバルのゴミ処分場に立ち寄って一時間ほど粘った。時間帯も悪いのか、一羽だけの収穫であきらめてノグリキの猟師小屋に向かう。薄日のさすぼんやりとした天候でやや暖かく、空気は湿っている。

猟師小屋に着いてやることは往路と同じである。イリヤは夕食の準備を、私は採集したカラスの処理をする。往路と違うのは戦果が少なく、処理は一時間で終わってしまったこと。終わった頃には暗くなって雨がポツリポツリと降り始めた。のっぺりとした曇り空ではなく、嵐を予感させるような黒雲が足早に迫ってきた。われわれは小屋の内部で夕食をとる。簡単な食事が終わった頃には雷鳴が聞こえてくる。雷鳴が近づくとともに雨の降り方が突然変わる。フラットで簡単な屋根だからとても騒々しい雨音であった。上空は黒雲でおおわれているらしいが、西方の空は違う。西に向けて開いているただ一つの小窓からは夕陽の射す雲間が見える。黒雲の隙間から、周辺の雲を茜色に染めてこちらに向かって夕陽がさしている。鮮やかな茜色の雲と荒々しい黒雲の対比は、ゴヤの黒い絵シリーズの一枚を想起させる。これとよく似た空を背景に三人の魔人が、運命の三女神を模して描かれていた。三人は性別不詳、女神など微塵も感じさせない醜い容貌だった。一人目が新生児らしきを点検し、二人目がその行く末を天眼鏡で眺めつつ運命を操り、三人目が鋏で糸を切っていた。私は二番目の魔人の監視下にある。今やっている研究は十年ほどかかるだろうから、それまでは飽きないで操り続けてほしい。研究が終わったあとは三番目の魔人に糸が手渡されても文句は言うまい。

黒い絵に描かれた残照は一瞬で終わり全天が黒雲に隠されてしまった後、夕陽が再び現れることはなく、数時間にわたって激しい雨音が続いた。すぐ横の通信鉄塔の避雷針に雷が落ちたときは窓ガラスだけでなく小屋全体が身震いした。夜半には前線は通過して安心して眠れるようになる。しかし、熟睡とまではいかない。北部での採集が思うようにはかどらないからである。どうしたら北部での目標数を確保できるだろうか。遮二無二頑張るだけがいいわけではないから、イリヤに半日ほど釣りでもして気分転換してもらうのはどうだろうか。私はカラスの処理でやることはあるし。明日の朝食の時に提案してみよう。

中部地区支部長宅にホームステイ（二〇〇七／七／五）

翌朝は爽やかな晴天を期待していたのに、霧の朝であった。雨でないなら朝食は小屋の外だ。イリヤに休養を提案したが、彼は一気に済ませてしまいたいらしい。北部での目標達成のために、朝食後はバルに戻って再々攻略となる。例の小さな町はずれ、陽気で明るい墓地の近くにサファリを止めて、イリヤは三度目の挑戦に出る。二時間近く粘ったけれど、期待したほどの戦果は得られなかった。

バルに見切りをつけてノグリキの猟場に挑戦する。ゴミ処理場内の群れを狙ったけれども、芳しい成績は得られない。射撃の名手でも、沢山の標的が一斉に動くと目標を絞りにくくなる。季節的な渡りの時に、海峡を横断する局面で猛禽類に狩られる側の鳥たちは群れで行動する。一羽、二羽で行動していたら、狩る側は目標を絞りやすい。群れで動くと目標を絞りにくく、一番どんくさい奴でも逃げ切れるという理屈である。それに一羽を捕らえたら襲撃はお終いになる。猛禽はリュックを持たないから、一回の狩りで持ち帰れるのは一羽までなのだ。しばらく処理場内で機会をうかがった後、イリヤは周辺の森に消えた。密かに潜行して、機会が来るのを待つというゲリラ戦術である。効率は悪いし、蚊やら毒虫には脅かされる。並の忍耐力では持たない。ノグリキで四時間近く頑張ったので、目標に近い数までたどり着けた。

ノグリキを午後の早い時間に出発してテイモフスコエに向かう。往路はテイモフスコエ川の河川敷での野営だったが、復路は狩猟協会中部支部長宅に泊めてもらう。到着は午後六時前くらいで、夕陽が高く暖かい。ここの支部長宅もポロナイスクのニコライの家に似た作りで、塀に囲まれた一戸建てである。ただし、治安がいいのか道路側の塀はしっかりしているが他の側面の塀は低くて申し訳程度であった。自宅の他に倉庫兼車庫と菜園の三部構成である。一頭の狩猟犬が番犬の役も務めている。ディックという名前で大きな犬である。原野で出会ったら「狼だ」と凍り付くだろう。ディックは主人の客人には礼儀正しく友好的である。ここの支部長は動物好きで、仔猫や仔ウサギを引っ張り出してきて紹介してくれる。私より少し年齢が上かもしれない。やや小柄だが、しっかりした筋肉質である。奥さんはあまり表には出てくることがなく、裏方で夕食の準備をしていた。

私は辞退したが、イリヤは簡易式のシャワーを使い汗やほこりを落とした。ハンティングは重労働で、藪に潜んだり地面に這いつくばったりでシャワーが必要なのだ。ここのシャワーは原始的でバケツに水を一杯入れてから滑車で二メートルほどの高さに持ち上げる。バケツについたじょうろから霧雨状に水が落下する。一メートルほどの長さの棒をひねることで、じょうろからの水の出具合を調節できる。屋根の端にセットされているので当然のことながら屋外であり、温水ではない。しかし、好天で無風の夕方だから水浴びにはいい陽気だった。シャワーの後、イリヤは支部長と狩猟協会関係の打ち合わせで忙しい。私は今日の採集物の処理に集中する。二時間ほどで打ち合わせも処理も終わり、夕食となる。途中の雑貨屋でビールやつまみは確保してあった。屋外でグリルを囲んで肉を焼いたりスープを温めたり、もちろんビールも飲む。昨夕は夏の嵐だったが、今日はなんと穏やかで優しい日没だろうか。オハより三〇〇キロ以上南とはいえ、北緯五〇度よりは北なので、ゆったりと夕陽は沈んでゆく。時間の進行ものんびりしたものである。

腐敗させたいが、腐敗臭はたまらない（二〇〇七／七／六）

次の日は朝早くからテイモフスコエのゴミ処分場に行って採集活動となる。三時間の潜伏で、六羽の収穫があった。支部長宅に戻って死体の処理を行う。暖かくなってきたから、DNA試料の採取は時間との競争である。処理が終わって支部長にお別れの挨拶をする。サハリンの片田舎で会った円熟した好々爺、来年の夏に再訪することになるだろうか。今年の標本採集が順調に済んで、交雑帯がこのあたりに存在するとなったら再会できるだろう。次に会う機会があることを期待して、「ダスビダーニャ」と言葉を交わし握手をする。人生における人と人の交錯はすべて一期一会である。

路面がよく乾いているので車の後ろには土埃が勢いよくあがり、後方の視界はゼロに近い。対向車はほとんどないし、追い抜いてゆく車もない。時速七〇キロ程度で走り続ける。ともかく追い抜かれたくないのだ。土埃の嵐が窓の隙間から侵入してきて、一回追い抜かれただけでダッシュボードに薄いベールが掛かる。それに、追い抜いた車が巻き上げた砂塵で視界を失った先に大穴が空いていたら一大事である。窓を閉めると後部の荷物室から漏れ出てくる腐敗臭が気になる。密閉式の蓋ではあってもストッカーの中には五〇個を超えるカラスの生首が水に浸かっている。腐敗が進行すればするほど、より短い時間で白い頭骨標本が作製できる。腐敗は結構なことなのだ。しかし、漏れ出てくる腐敗臭は半端なものではない。車内の気温が高く、一時的に窓を閉め切ったときは辛いものがある。腐敗はうれしいけれど、腐敗臭は困りものだった。

ポロナイスクまでの途中、一回だけ水場休憩をとる。イリヤは川からバケツで水を汲んできて車にぶっかける。そのあとで、濡れ雑巾で大雑把に拭き取る。私は生首の入った重たいケースを川辺に持って行く。中の腐水を流して、清水で生首を洗う。更にすべての頭部が浸る程度に清水を入れてから、サファリの荷物室に戻す。標本作製のためなら水は無交換がいい、車内環境のためには毎日交換がいい、二つの折り合いをつけるのに苦労する。収納ケースはポリ袋に包まれ、大きな「宝箱」ケースに入れて荷物室に置いてある。しかし、腐敗臭は二重三重のブロックをすり抜けて車室内に浸み出てくる。イリヤと私は別々の水仕事を済ませた。出発前に軽い昼食をとる。ポロナイスクまではまだ数時間走らなくてはならない。

初めて列車が走っているのを見た。例の三叉路を左折して湿性平原の中を一〇キロほど走ったところで二台の車が止まっている。踏切である。踏切横に信号があったのを思い出す。一日に何回作動しているのだろうか。赤く点滅して控えめながら警告音も発している。多分、日本と同じくらいの音量なのだろうが、建物のないだだっ広い野中の踏切である。警告音は反響することなしに大空の彼方にすり抜けてしまうのだ。しかし、右を見ても左を見ても列車は一向に来る気配がない。しばらくすると後方に車が数台並んでいた。交通量が少ないようでもポロナイスク郊外だから、車は走っているのだ。五分以上待たせた挙句、トロトロと貨物列車がやってきた。結構長い車列がのんびりと走っている。夏の夕日を浴びて、先頭車両の緑と黄色が映えている。サハリンでは色彩に感動することは滅多にないのでこの光景は新鮮だった。サハリンのベースカラーは灰白色である。

踏切を越えればポロナイスクの町が見えてくる。往路と同様にニコライ宅に泊まる。三頭の大型犬も顔なじみになって、リラックスしている。菜園の横に組立机を出して採集物の整理作業をする。頭部収納ケースを開いて、標識タッグの装着をやり直す。一つずつネットから出しての作業で手間がかかるけれど、宝物の変形を避けるためである。作業を終えたらウォッカで一服する。冷凍庫から冬に捕獲したトナカイの肉塊が取り出されて、つまみとして切り分けられる。ウォッカと相性のいい酒の肴である。

夜半に小用で外に出た。珍しく雲がなく、呆れるほどの星が顔を出していた。大気が澄んで安定しているのだろうか、星がまたたかない。無数の星に凝視されているような気分である。太陽系の惑星を除けばどの星も光年という単位で表すしかないほどに遠く隔たっている。六十光年より遠い星から届いた光が宇宙空間に旅立ったのは、私が生まれるより前の出来事である。圧倒的に多くの星から来る光は私が生まれる前に旅を始めている。人間の生活する時間や空間とは別次元の出来事が眼の前に拡がっている。身震いが起きるほどに圧倒的な大きさの宇宙と限りなくゼロに近い私が向かい合っている。カントが主張した絶対宗教の意味するところが感覚的にうなずける。不意に二つの眼に凝視されているのを感じた。玄関横が定位置のドーニャがすぐ横に立っていて「オッチャン、何見てまんの」という視線を送っていた。天空の世界から人間の世界に戻り、用事を思い出す。別棟のトイレに行くのだった。ボットン便所だから結構な臭いが狭い空間に充満している。無色無臭、広大無辺の宇宙に比べて何と手応えのある空間であることか。強烈な人糞臭がいとも簡単に哲学的な断想をかき消してしまう。

現金とウォッカ（二〇〇七／七／七）

次の日の朝、ニコライ父子の様子が少しおかしい。イリヤの車に荷物を積み込んでいると、中年の男が若い衆三人を従えてやってきた。ニコライ父子と訪問者は門の外で向かい合っている。大声での怒鳴り合いなら、聞き取れるかもしれないが低い声での言い合いなのでわからない。彼らの発するボディランゲージを異文化の私が正確に理解することは難しいが、友好的でないのは確かである。この対決的スタンスが殴り合いになるのかどうか、予想がつかない。しかし、イリヤは無視して淡々と出発の準備をして、簡単に別れの挨拶をしただけで出発してしまう。

これに先立ってイリヤが四〇〇〇ルーブルを謝礼としてニコライに渡してくれと頼んできた。北部や中部のホームステイでは謝礼はしていない。ニコライ宅には往路と復路で合計三泊世話になったのだが、四〇〇〇ルーブルは少し気前がいい額である。だが快諾して手渡した。あの謝礼はニコライのトラブルへのカンパだったのではないかと推察している。彼らのトラブルは最終的には金で決着をつけるのだろうし、不退転の対決姿勢は値切りのためであろう。賢明なイリヤは状況を掌握していて、門の外での対決的話し合いが、流血の事態に至ることはないと踏んでいたのだ。彼自身も幾ばくかの金をカンパしているかもしれない。「トラブルに巻き込まれるのは御免だぜ」と友人を見捨てて退散するような不義理な奴ではない。

ポロナイスクのゴミ処分場に直行するものと思っていたら、街道に出た直後に逆方向に進み雑貨屋さんの前で停車、食料とやや安めのウォッカ二〇〇ルーブルを一瓶買った。この酒はゲートの番人への贈り物であった。どのタイミングで、どの程度のものを贈るかというのは難しい。このあたりの贈答の呼吸はよそ者にはわからない。三時間ほどの潜伏で六羽の収穫があった。中部のこのあたりに関しては目標の一二〇％達成である。処分場を出て南下してゆく。私としては処分場の南の海岸に停車してカラスの処理に取りかかりたかった。処理は早ければ早いほどいいのだが、イリヤは先を急ぎたいという。海岸沿いの道をどんどん南下して数時間後に、ザオゼルノエで止まった。河口に広がるヨシ原に車を入れる。

私は机を組み立ててさっさと処理作業に入る。イリヤは前輪のステアリングを解体し始めた。彼が先を急いでいた理由は、後期高齢車サファリの異常であった。彼の診断では、ステアリング系のオイルタンクに気泡が入って圧力が高くなり、オイルが漏れ出たためにハンドルが重くなったとのこと。いろいろと工夫して問題を解決しようとしている。車の修理が一段落し、死体処理が終わった時には日は暮れてきた。中部と南部の境界なのでカラスを採集したいのだが、この河口にはごくわずかのカラスを散見しただけであった。今夜はこのヨシ原での車中泊である。流木を集めてきて焚火を起こし、ポロナイスクの雑貨屋で買っておいた食料で簡単な夕食を作る。

息切れの始まったサファリ（二〇〇七／七／八）

翌朝、手早く朝食を済ませてから出発となる。ところが動き出して最初の角を曲がったところで車は止まり、平坦なところに移動となった。ハンドルの調子が良くないらしい。一時間ほどかけて前輪の再修理となった。その間に、収納ケースの整理を始める。ひとつひとつの生首に標識タッグを付けているのだが、付け方が適切でないように見える。骨が歪んだりしたら大変なので取り付け方を変更した。半分も終わらないうちにイリヤの修理作業が終了して出発となる。しばらくは恐る恐る慎重な運転で行く。

サファリの機嫌が直ったらしく、このあと南下を続けてサハリン地峡に至り西に曲がる。山越えして西岸のイリンスコエに着いた。間宮海峡に面したサハリン島西岸に沿う道路と鉄道はここで東岸と連絡する。広大な鉄道の操車場があるけれど、動きはほとんどない。町は鉄道沿いに長さ二キロ程度もあるのだが、町並みは櫛欠け状で活気がなかった。ここから北に転じて、海岸段丘上の道をクラスノゴルスク目指して走る。ほぼ一直線に北に向かって広いダートの道が続く。快晴とまではいかないが晴れていて、乾いた風が爽やかである。段丘上を走っているので、視界の左半分は間宮海峡である。波静かな青い海を左手に、右手には伸びやかな緑の牧草地が緩やかに広がり西サハリン山脈に連なる。観光旅行だったら助手席に座ってウォッカを飲みながら極楽気分になれるところだが、残念なことにカラスの採集旅行である。採集がはかどれば極楽、不振なら地獄の気分。今日は地獄の気分である。早朝に出発してだいぶ走っているのにカラスに出会った回数は片手で数えられる程度である。出会ったといっても大抵は一羽とか二羽とかのカラスであり、射程内に接近するのは容易でなかった。一〇羽程度の広く散開した群れに一度だけ遭遇して撃つことができただけである。欲求不満の募るままに、クラスノゴルスクに着く。この町の郊外の潟湖の畔にある猟師小屋の下見をする。来年以降の生態学的調査の拠点として利用可能かを確認するためである。ここは前夜の野営地ザオゼルノエと同緯度で、中部と南部の境目あたりに位置する。来年からの調査拠点をどこに置くかは、現在進行中の全島標本採集の結果次第で決まる。交雑帯が中部と南部の境界域ならこのクラスノゴルスクの猟師小屋、中部の北側ならテイモフスコエの支部長宅、北部の南縁ならノグリキの猟師小屋を拠点として利用できることを確かめた。

クラスノゴルスクの猟師小屋から折り返して同じ道を南下する。途中で採集できそうな場面があり、車を脇道に入れてイリヤは銃を持って降りた。さほど待つことなしにイリヤは戻ってくる。無駄骨だった。覚悟していたことだから失望は無かったが、この後にハプニンクが起きた。エンジンがかからない。三回、四回とイグニッションを回すのだけれど、エンジンはすっ呆けて無言である。ステアリングのトラブルはなんとか再発せずに済んでいるのに、今度は電気系統の不調である。周囲に人家の気配すらない野原のど真ん中での故障であった。晴れて暖かく陽は高いから、あまり深刻に考えない。周辺を散歩して、美しく咲き乱れる草花の写真を撮る。その間、イリヤはボンネットを開けて苦戦している。街道の道路際をゆっくりと数頭の牛が歩いてゆく。誘導する番人も番犬もいないのに一列になって整然と左側を進む。この地の牛はどうしてこんなに賢いのだろうか。

イリヤのサファリとの格闘は半時間ほどで決着がついて、今度もイリヤが勝った。間宮海峡を右手に見て、南下を再開する。イリンスコエを越えて更に南へ四〇キロ走る。トマリという町の手前にゴミ処理場がある。昨年の予備調査で訪れて一羽採集したところである。期待したほどではなかったがゼロではなかった。この町は明治の初めまではトマリオル（泊居）と呼ばれていた。樺太南部はもともとアイヌの土地であったので、彼らの地名を和人は漢字に置き換えたのである。ロシアが大戦後に樺太の南半分を占領した後は、多くの地名がロシア風に変更された。寂しい西海岸のとるに足りないこの町は、和名の短縮形で済ませてしまったらしい。ここから折り返して北上しイリンスコエに戻ってから東に曲がる。五キロほど進んだところで脇道に入り野営地を捜した。河畔の少し高いところで風通しの良いところに車を止める。すぐ横を流れている川の名前はイリンスコエ川で、二メートルほどの崖下を蛇行しながらゆっくり流れている。昨年の野営に比べ時期が一カ月ほど遅い。風通しが悪く湿ったところは蚊やヒルの餌食になりやすいので今年は野営のポイントを少し変えた。この日の夕食はイリヤ風ボルシチで、とても美味かった。料理自体が良いだけでなく、焚火を囲んで心地よい風に吹かれながらゆったりと食事できるのだから贅沢の極みである。

今日は奮闘努力のわりにカラスの捕獲数はわずかだった。ハンティングは囲碁に似ていて、どう頑張っても駄目な局面にぶつかることがある。そんな時に焦って無理をしてもいいことはない。そこを我慢して凌ぎ切った後には、必ず好機が訪れる。サファリは朝と昼にストライキを起こしてくれた。やっぱり寄る年波には勝てないのだろうか。しかし、名医のイリヤは宥めすかして二回とも乗り切ってくれた。明日の猟はどうなるだろうか。サファリは元気に走ってくれるだろうか。北国の夏、夕陽はゆっくりと沈んでゆく。とても静かである。昨年はオオジシギのディスプレイフライトが夕方から朝方まで騒々しく続いた。一カ月遅れの今年は信じられないほど静かである。夏が短いところでは一カ月も遅れて繁殖行動をとるような個体は自然淘汰で子孫を残せないのだ。草花が短期間に一斉に咲きだすのと同じことが、鳥類の繁殖でも起きているのだ。ともかく、拍子抜けするほど静かに、そしてゆっくりと夜に向かう。

名人でも焦る（二〇〇七／七／九）

翌朝、野営地の周辺で二時間ほど採集活動を試みたが不調だった。繁殖している気配が濃厚なので二羽は生息しているのだろうが、用心深くて射程内にカラスをとらえることができなかった。街道に戻り、地峡を東に走る。三叉路で南に曲がれば往路と同じ道で、オホーツク海沿いに進む。助手席から鵜の目鷹の目で前方を監視する。街道脇や街道に近いところに止まっているカラスは狙い目である。より手前で発見できれば、警戒されずに車で接近できる。何回か機会があったけれど、いずれもものにできない。イリヤに少し焦りの色が見える。昼前になるというのにからっきし駄目なのだから。初日に立ち寄ったソヴェツコエの村落に寄ることにする。

街道からそれて少し入ったところで、カラスの群れている空き地に遭遇した。道路から三〇メートルほど離れたところに家畜を解体処理した残骸が散らばっている。これに群がっているのだ。二〇羽はゆうに超える数である。素早く車を止めて外に出たイリヤは銃を背後に隠して接近する。カラスが警戒する前に、素早く銃を構えて連射した。二羽が落ちてイリヤは素早く回収して車に戻ってくる。獲物を手渡すと大急ぎで車を発進させた。向きを変えて街道に戻り、脇目も振らずに南下を始める。ときどきバックミラーを見る眼が不安そうであった。慌てている気配である。どうやら発砲した場所が狩猟規則に抵触しそうな地域であったらしい。

一〇キロほど走った頃には落ち着きを取り戻した。スピードも普通に戻り、背後を気にしなくなった。半時間も走ったところで少し大きい町スタロドゥブスコエに着く。街道から外れて、ここのゴミ処分場とその周辺で採集活動に入る。二時間ほどの移動と潜伏の繰り返しで四羽を得た。これで一応のところは目標数の八割を収穫できた。今夜はイリヤの自宅に泊めてもらい、明日は南部の下半分を攻略することにする。街道に出てユジノサハリンスクを目指す。

数キロ走ればドリンスクである。古くからの街で中心部だけ短いながら格調ある並木道がある。樹高二〇メートル以上の大木が整列していて、ヨーロッパの香りがある。樹齢から推して日本が樺太南部を統治していた頃の植栽であろう。満州と同様、植民地経営にあたった官僚は都市計画の夢を描いていたらしい。自動車部品ショップの前で車を止めてイリヤは中に入っていく。かなり規模の大きな店である。自動車が故障した時には自分で直すのが常識である土地柄、修理工場よりも部品ショップのほうが商売になるのだ。イリヤは何やら交換部品を買ったらしく、少し大きな紙袋を抱えて戻ってくる。ドリンスクを後にして一時間ほどでユジノサハリンスクに着いた。

曇っているので時間のわりには暗い感じがする。夕方のラッシュアワーに入っているらしく車が多く渋滞気味である。四車線の通りでは、中央の分離線も、車線間の区分線もすり減っていてはっきりしない。白線は薄く切れ切れで、線など無いに等しい区間もある。穴ぼこはそこらじゅうにある。信号は道路際の高さ四、五メートル程度の低い位置にあるからとても見づらい。さらに面倒なのは区間によって中央分離線が変わり二車線と二車線でなく、三車線と一車線になる。運転も手荒なのが多くて自分勝手に割り込んだり、車線変更をする。ロシア版レッセフェール(自由放任)社会の縮図を私は見ている。「各自が自分本位に運転することで、道路交通は最大の効率化を獲得する」とでも考えているのだろう。軟弱な私にはとても運転できそうにないけれど、イリヤは慣れたもので焦りもせず、怒りもせずに機敏に運転している。中心部を抜けたあたりで大通りを右折すると途端に「閑静」な地区にワープアウトする。少し進むと右側は州立大学、左側はイリヤの住まいがある集合住宅群。

階段下に車を止めて、ほとんどの荷物を下ろす。今日の収穫物の処理は、私のために空けてくれた部屋で行うことにする。階段下のインターホンでイリヤが二言、三言話す。間もなく娘のナターリャが扉を開ける。二週間ぶりの父と娘の再会である。荷物を運びあげるのに一汗かいてから、紅茶で一服する。部屋に入って荷物を整理して、六羽の処理に取りかかった。居間の方からひっきりなしに娘さんの話し声が聞こえてくる。父親が不在だった二週間分の話題が堰を切ったように流れ出している。私は採集のことで頭がいっぱいだったから二週間が長いとは感じなかったけれど、娘さんにしてみれば心細く長い二週間だったのだ。話している内容はわからないけれど、若い娘が機嫌よく話すロシア語はメロディアスで心地よく、鳥の囀りのようである。このことは何もロシア語に限ったことではない。ドイツ語は犬を叱りつけるための言語だと言うけれど、それはヒトラーの演説を揶揄してのことである。ドイツの若い女が機嫌よくおしゃべりしたらやはり鳥の囀りと同じ、聞くものを幸せにしてくれるだろう。

目標達成、しかし好事魔多し（二〇〇七／七／十）

翌朝は五時半には荷物を積み込んで州都周辺での採集に出発する。日帰りの採集行だから荷物といってもわずかである。雨になる気配はないが、だからといって晴れてゆく感じでもない。ユジノサハリンスクから西に山越えでホルムスクに向かう。先住民のアイヌがマウカと呼んでいた土地で、和人は真岡と漢字を当てた。十八世紀末には昆布採取を和人が始めており、アイヌを暴力で抑えつけ酷使したという記録がある。松前藩は昆布採集の利益に与っていた。ここにロシア人が来て略奪・放火・和人誘拐をしたことが、間宮林蔵の樺太探検（測量）のきっかけになった。真岡が日本人に知られているのは、終戦時の悲劇的な出来事による。南下してきたスターリンのソ連軍が豊原に至り真岡が孤立して絶望的状況に陥ったとき、日本人電話交換嬢が青酸カリで集団自決したのである。日本人のシベリア抑留とセットになって反ソ、反露キャンペーンの目玉になっている。

ホルムスクのゴミ処理場は郊外の丘陵地にある。遥か下方に中心部が望まれ、その先は海である。ホルムスクはあまり大きな町ではないが大陸側との物流では重要拠点港で、間宮海峡対岸のワニノとつながっている。活気のある街はゴミ処理場も活気があるものだ。ゴミ回収車両の出入りが多く、カラスの数も多い。イリヤは二時間ほど活動したが、戦果は二羽だけだった。一〇羽くらいに弾幕を浴びせたのだが半矢であったらしい。ホルムスクでは不満足な結果だったが、往路の道々で収穫があったので落ち込まないで済む。どこかで一休みしてもらって、カラスの処理をしなくてはならない。

ホルムスクを切り上げてもと来た道を戻り、途中の水場で昼食休憩となる。焚火をして昼食をとった後、処理作業の続きを一時間半ほど行う。この間イリヤは銃の手入れをしている。手空きの時間があると彼が取りかかるのは車と銃である。彼の自慢の銃はカラシニコフだと思っていたがそうではなかった。ドイツ製でかなり高価だという。強い愛着を持っていて、そんじょそこらの金を積まれても手放さないと言う。国産のロシア製でなくドイツ製を愛するイリヤの気持ちはわかる。ドイツ製のカメラ、顕微鏡、双眼鏡を日本製と比較すると、カタログ上の性能では差がない。しかし、動作部分がとても滑らかで安定しており、長期間利用しても劣化がない。顕微鏡で長時間作業しても疲れが少ない。写真の場合はボケ味が自然な作品が作れる。設計が優れているだけでなく、実際に製品を作る職人の質も高いから可能なのだ。物づくりは少数のエリート設計者を確保するだけではだめで、職人が大切にされないと良い製品は生まれない。

焚火を始末して、次の目的地アニヴァに向かう。ユジノサハリンスクへの道を戻る途中、山間の三叉路で南に転じて、リュートガ川に沿って進む。この川がアニヴァ湾に注ぐところにアニヴァの町がある。間宮林蔵がサハリン探検に赴いた頃はこの地域の中核的集落があったらしい。現在はこの地域の中心は対岸のコルサコフに移っている。小さい町であり、ゴミ処分場も大きくはなかったが、一時間半で九羽もの成果があった。一日の採集数としても最高記録を更新し、充実した一日となった。これをもって南部の採集目標は超過達成となり、二週間を超えるサハリン全島の採集活動が終了した。

二人とも充実した気分でユジノサハリンスクへの道を戻る。ラジオからはロシアンポップス、「ダバイ、ダバイ」（さぁ、行こうぜ）という乗りのいい元気が出る曲が流れている。目標達成の安堵感と快い疲れ、そして威勢がいい「ダバイ、ダバイ」である。しかし、大きくカーブを曲がったところで、事態は暗転した。

前方の路肩に男が二人立っていた。一人が道路中央寄りに数歩動いて立ち止まり、こちらに停止の合図をしている。イリヤの顔に困惑が走った。車を止める。交通警察だった。レーダーを使ったネズミ取りに捕獲されたのだ。逃げようがない。観念してイリヤは車を降りて、免許証の提示と違反書類へのサインをする。「好事魔多し」を絵にかいたような展開となった。好いことが続いた時は調子に乗らず、いつも以上に慎重に行動しなさいという格言。イリヤが車に戻った時には悪魔の歌「ダバイ、ダバイ」は終わっていた。慰める適当な言葉が見つからず、肩をすくめ渋い顔で気持ちを伝える。余計なことを言うよりは沈黙していたほうがいい。イリヤは大人だから、ユジノサハリンスクに着く頃にはすっかり気持ちを立て直していた。この日は帰宅してからがとても忙しく、処理作業は四時間を超えた。終わるまでは集中しているから疲れも眠気もない。終わるやいなや、幅の狭いベッドに横になる。眼を閉じれば頭の中は空っぽになって、深い眠りに一直線。

第二幕の初日（二〇〇七／七／十一）

今回の遠征は二幕構成である。第一幕は全島でのカラスの採集、第二幕は採集してきたカラスを安全に持ち出すためにクリーニングすること。第二幕の始まりの朝。ナターリャは早く起きてクッキーを焼いてくれる。クッキーと紅茶で朝食をとる。半月余りの間、朝食はインスタント・コーヒーが定番だったから新鮮である。クッキーも久し振りで、とても美味しい。朝食の後、冷水のシャワーを浴びて気分もスッキリした。第一幕の採集旅行出発前に交わした覚書を再確認して、金庫に預かってもらっていた支払い準備金を全額手渡した。目標の一〇〇羽には届かなかったけれど、値切るようなことはしたくない。イリヤはカラスの採集に献身的で労を惜しむことがなかった。ネチャエフが「サハリンで最も優秀なハンターにして人格的にも素晴らしい人物」と評していた通りだった。

第一幕は全島でカラスを捕獲するために、移動に明け暮れた。今日からの第二幕はアニヴァ湾に面した猟師小屋に籠って、頭骨標本の作製に専念する。十日ほどの日程である。二つの宝物のうちDNA試料の入ったサンプルチューブはイリヤ宅に置いて、頭部収納ケース、標本作製用具、シェラフなどをサファリに積み込む。猟師小屋に行く前に、狩猟協会事務所に立ち寄る。イリヤが留守中に溜まった用事のうち緊急のものだけ処理するのを待つ。ついでに大阪の自宅へ事務所の固定電話からかけてもらったけれど通じない。彼の携帯電話から試みても駄目だった。ロシアの通信事情では珍しいことではない。家族には「知らせがないのは良い知らせ」と思っておくように言ってある。通じないときは仕方がない。

事務所を後にして、雑貨屋に立ち寄る。頭骨作業用にポリバケツと洗面器を、自炊用に食糧を購入する。寒いかもしれないから、「内燃機関用燃料」としてウォッカを四瓶買う。極寒用のシェラフとウォッカがあれば防寒が粗末でも耐えられるだろう。

アニヴァ湾の猟師小屋は小屋などと言う小規模のものではない。ノグリキやクラスノゴルスクの猟師小屋はコンテナを一個運んできて空き地に置いたようなものだった。ここは違う。錆びて少し歪んで傾いているが立派な鉄製の門がある。敷地は一万㎡以上あって、母屋の本館、離れの新館、管理人の駐在できる建物がある。本館は押し込んだら三〇人くらいは収容可能な宿泊施設である。プロパンガスがあるから料理や湯沸しの熱源は心配ない。水は井戸から桶で汲み上げる。少し離れたところに少し傾いた屋根つきの井戸がある。直径一メートル半のコンクリート管から覗くと底に水がたまっている。水面は三メートルくらい下なので、桶をほうり込んで麻ロープでたぐりあげる労働が要求される。こうして書いてゆくと何やら大変な宿舎かと思うだろう。

その通り。実は電気が来てないのだ。暗くなったらロウソク、懐中電灯そして持参したガスボンベ付きランタンが頼りである。世界一きれいなトイレ文化の日本人は腰が引けるだろうが、トイレだってない。以前は木造据え置き型の広さ半畳程度のトイレがあったらしいが、嵐で吹き飛ばされた。そのあと替わりが来てない。大小を催した時は自分で勝手に場所を決めて済ましたらいいのだ。敷地の大半は草原で、近くに人家はないから人目を気にすることもない。

一週間の滞在中宿泊者は私だけ。寝起きと標本作製作業は新館を利用した。新館はプレハブ小屋のようなもので、二部屋構成になっている。入り口を開けて入った小部屋は外と内の緩衝空間で、広さは二畳程度である。ここで濡れた靴や外套を脱いで台の上に置いたり壁に掛けたりする。次の部屋が寝室兼作業場となる。広さは六畳ほどで、広い窓があるので明るい。窓ガラスは二重構造で寒地仕様の作りになっている。粗末ながらベッドが二つある。一つは荷物置き場にする。持参した組立机を窓際に配置した。

アニヴァ湾の猟師小屋に着いたのは午後の二時過ぎだった。荷物を下ろして部屋に運び込んでセッティングを済ませる。あらかじめ管理人夫婦と連絡は取ってあって、顔合わせをする。彼らは利用者がいる期間だけ近在の集落から来ることになっている。イリヤはユジノサハリンスクに戻る。二日毎に様子を見に来ることになった。

フィリアとゲルダ

二日目より単調な生活が始まった。この施設の利用者は初めから終わりまで、私一人。たまに顔を合わせるのは管理人の夫婦だけで、短い会話をロシア語でやるくらい。旦那のほうは昼間からウォッカの臭いをプンプンさせている。奥さんは繰言が多く脳が少し壊れているような印象である。彼らと話していると気が滅入ってくる。有難いことに、ここに二頭の大型犬が飼われていた。いずれも狩猟犬である。フィリアは超のつく大型犬で五〇キロは超えているだろう。子牛のように大きいが性格は穏やかである。しかし年齢のせいか、神経質で呆けが始まっているらしく夜間に脈絡なしに吠えるときがある。もう一頭のゲルダは体が締まっていてきびきび動く、頭の良い成犬である。これらの犬仲間がいるので精神的にはずいぶん救われた。毎日実労十時間かけてクリーニング作業に没頭した。腐敗に伴いガスが発生してきたので二時間も作業を続けると頭が痛くなる。二時間ごとに部屋を出ては、十五分ほど新鮮な外気を体に取り込む。

三日目、四日目と憑かれたようにクリーニングに励んだが、日を追って不安が膨らんでゆく。低温のためか、腐敗の進行が予想以上に遅い。

五日目に至り、きれいにクリーニングして白骨化した頭骨を日本に持ち帰るのは絶望的であることがはっきりしてくる。せめても、基本的な部位の計測だけでも済ませたい。そのために必要な作業に絞り込む。

六日目、いつもより早い朝の四時半に作業を始めて、夕方の七時半までクリーニング作業に専念する。この日の夕刻に宝箱に異変を認めた。蓋を開けたところ猛烈に臭い。飛び込んだ金蠅が溺死して浮いている。何やら小さな白粉状のものが表面に拡がっている。この日は働き詰めで、実労十二時間に及んだ。

作業終了後、しばらくはベッドに横になって死んだふりをする。アンモニアと硫化水素に曝されて眼も頭もバテバテ状態、軽い痛みとずっしりの疲労感。横になって全身の力を抜いて放心状態に入ったので、一時間後には元気になる。やや薄暗くなった本館の調理場で夕食を作り、別館に運んで昼食兼夕食をとる。

七日目、八時間ぶっ続けに仕事をして、ようやく基本測定に取りかかれる段階までたどり着いた。時刻は午後二時前であった。遅い昼食を済ませ午後の仕事に取りかかる。宝箱を開いた途端、腰を抜かしそうになった。箱は「舌切り雀」の意地悪ばあさんが持ち帰った大きいつづらに変わっていた。昨夕は白い粉が浮いている程度の異常だったのに、開けてびっくり。蛆の大発生である。どの頭骨にも数匹の蛆が這いまわっている。これには怖気づいた。想定外の事態発生で、蛆殺しの薬液で処理しなくてはならない。この日の夕方にはイリヤが来てくれることになっていた。蛆殺し液を買ってきてもらい、蛆を退治する。しかし、クリーニング作業はこの日で中断することに決めた。どうあがいても予定していた十日間で綺麗に白骨化させることはできない。方針変更して、緊急避難的な対応をとらなくては。

八日目、丸々一日かけて基本計測を済ませた。ロシアからの標本の一時持ち出しで気掛かりなのは、通関での摘発リスクである。このリスクを減らすために、悪臭芬々の汚い頭骨をクリーニングして無臭の白く輝く頭骨に変えようと奮闘した。もしも、帰国を二週間先延ばしできたら、クリーニング完了に辿りつけるかもしれない。けれども、杓子定規の国だからビザ延長は容易ではないだろう。そもそも、完璧にクリーニングしたところで発見されたら取り上げられてしまう。焼却処分を免れてイリヤが保管してくれても困難は残る。再度サハリンを訪れて、追加計測や再鑑定をしなくてはならない。そのための時間と出費は馬鹿にならない。

九日目、正面突破を決断する。半完成の頭骨標本を一つ一つアルコール液に浸けて殺菌してからラップで包む。大変な手間であったが、防疫上の配慮を最優先にした。十日間の滞在予定を一日繰り上げて、ユジノサハリンスクに帰る。イリヤ宅に着いたのは午後八時前。同じ部屋に三泊目、持ち帰った荷物をズラリと並べる。夕映えで美しく浮かび上がったプラタナスが窓越しに見える。すでに暗くなった灰白色の棟群との対比で色彩が際立っている。ゆっくり沈んでゆく夕日を眺めながら、不本意な結末となった第二幕を反芻する。アニヴァ湾でのクリーニング作業、自分としては最善を尽くしたと思う。敗因は十日間もあれば片付くなどと安易に企画したことだった。そのことをくよくよ考えても何も良いことはない。この失敗が致命的なものにならないように善後策を練らなくては。

初めて見た、御真影館（二〇〇七／七／十二）

第二幕が一日早く終わっても、船の出港日は変わらない。今日は調整日、ユジノサハリンスクの休日と割り切って州立郷土博物館を訪ねた。生憎と二階は改築中で閉鎖されていたが、開いている展示室があるだけでも良しとしよう。ところが、入館して一時間した頃に突然照明が落ちる。停電らしい。復旧できないようで臨時休館となり、入館者は追い出される。不愛想な館員、旧式の展示等々、総じて時代遅れの博物館であった。暗い博物館を追い出されて外に出る。天候は良く初夏のまぶしい日差しが真上から注いでいる。しかし暑いということはない、爽やかで暖かい陽気である。この博物館は日本が樺太南部を統治していた時代の庁舎をそのまま流用している。とても立派で風格ある建築物で、ユジノサハリンスクにこれに匹敵するような建物は無い。碁盤目状の街路は日本が統治していた時代につくられたものである。スターリンのソ連が南部サハリンを占領してから半世紀以上たつのに、建物でも都市計画でも目覚ましいものを一つとして創り出してないように見える。ウラルの東は新開地、サハリンはその新開地の中でも東の果て。冷遇されてきた地域だから、日本の統治時代の水準を超えることができないのだろうか。博物館の中身はお粗末でも、外観は立派で周囲の庭園も素晴らしい。

この敷地内をぶらついていて大発見をした。御真影館である。終戦の頃に小学校で学んでいた高齢の日本人しか知らない建物が、敷地の隅にひっそりと立っていた。最初に見たときはトイレかと思った。幼稚園児くらいの子どもと母親が周辺で遊んでいる。トイレならそんなところで遊ばせるはずがない。何だろう。建物の前に行って中を覗く。がらんとして何にもない。よく見ると小さなロシア語の説明プレートがある。「これはコルサコフにあった日本人小学校の一施設で、天皇の写真が収められていた。日本占領時代の記録として、ここに移設した」と書かれている。

終戦の二年後に生まれた私にとっては、話で聞いただけで見たことがない施設。終戦までは日本国内だけでなく植民地化したすべての地域で、学校には御真影館があった。GHQが日本を占領した時期に、全国にあった御真影館がすべて撤去されてしまった。だから、終戦の八年後に小学校に入学しているが、御真影館など見たこともない。それほどに御真影館の抹消は徹底的になされた。

母から聞いたことがある。学校が火災になった時、校長が最優先に守るべきは天皇陛下のお写真（御真影）であった。御真影を焼失させた校長は罷免されたそうである。児童・生徒の命よりも写真一枚を優先させた時代があった。今の時代に「天皇陛下のお写真を守ったために児童・生徒が死んだ」となったら「日本を取り戻す」と公言する首相でもかばってくれないだろう。しかし、明治以来の日本の支配階級は日本人を束ねる思想的根拠を皇国史観に求めた。天皇を最高位の存在と幼少の頃から刷り込むための中核的施設が御真影館だった。膨大な数量でコピーされたうちの一枚の写真であっても、御真影ゆえに児童、生徒の命よりも大切にされた。

イリヤの家に戻ってから、いよいよ荷造りに取りかかる。気掛かりなのは通関である。トラブルを回避するよう細心の配慮をする。悪臭が浸みだした時に吸収できるように、日本で用意してきた高機能銀イオン消臭カプセルを開封して宝箱に入れる。ナターリャからロシア語の教科書と焼き菓子、そして自家製のジャム、イリヤからはネチャエフ著『サハリンの鳥類』（ロシア語版）をいただいたので大きな宝箱の上部に収納した。

文字通り、紙一重（二〇〇七／七／二十一）

今日が最終日。樺太から日本に戻る日が来た。離れた駐車場から棟の真下に移動してくれたサファリに荷物を積み込む。ナターリャに別れを告げ、いよいよ出発である。別れのさみしさよりも、これから通過しなければならない「関所」のことで心が昂ぶっている。

コルサコフ港が近づいた頃イリヤが路肩に車を止める。「臭い、なんとかしなくては」と言う。私も気になっていたところだった。悪臭のもとはなんと昨夜宝箱に入れた銀イオン消臭剤であった。高性能の消臭力という謳い文句に乗せられて買ったのだが失敗だった。消臭しているのかもしれないが、それ以上に個性的な化学臭が強烈である。取り出して捨てる。宝箱の蓋を開いたままにして、コルサコフまで走って臭いを飛ばす。乗船待合所の手前で停車し、宝箱を透明テープで封印する。イリヤには半時間ほど待機してもらう。もしもの場合にサンプルチューブと頭骨を預かってもらうために。

待合所に入っていやな予感がする。昨年の帰国時には待合所はもっと乗客で混んでいた。昨年の荷物にはカラスの死体を一体潜ませていたのだが、X線検査ではお咎めなしだった。混んでいたからだったのかもしれない。乗船検査の時間になり、ゲートが開く頃になっても待合所の乗客は一〇人にも届かない。困った。丁寧に検査されそうだ。目を閉じてゆっくりと深呼吸を繰り返してからゲートに入る。通関検査では大きな手荷物だけX線透視を受けた。検査係の女性がモニター画面に映った宝箱の下部の濃い影を指して、これは何ですかと質問してくる。自然体で丁寧にゆっくりとしたロシア語で「友達へのお土産です」と答える。少し首をかしげていたが、通してくれた。どうやら助かったらしい。彼女が指したのは分封しておいた頭骨の袋であった。ここで振り返ってイリヤに手を振る。無事に通過したことと、標本採集での感謝の気持ちを伝える。来年もサハリンに来るだろうから、これが最後ということはないだろうと思っている。次は出入国審査であるが、ここは何の心配もない。関所は通過できた。フェリーまで荷物はトラックで運ばれ、乗客はバスに乗っての移動である。後から来た客も結構いたが、それでも昨年よりはずっと少ない。乗船時に荷物を受け取り、雑魚寝の二等船室に運ぶ。自販機で一〇〇円ビールを買って甲板に出て飲む。「終わったな」という安堵感に浸りながら、コルサコフ港と背後の丘陵に広がる街並みを眺める。薄曇りで、七月の半ばを過ぎているのに相変わらずの灰白色の風景である。

海路は穏やかで予定通り稚内に着いた。稚内は快晴とまではいかないが晴れて爽やかだった。荷物を持って税関に向かう。去年は何も聞かれず、フリーパスだったのだから気楽なものである。ところが予想外の事態が起こる。去年は年配の検査員だったが今年は若い検査員である。三番目に並んでいたが後ろがいなかったのが災いした。手提げ袋を見せてくれときた。中を確認後、次に宝箱のシールを外して内部を見せてほしいときた。万事休すである。動揺の素振りも見せず、落ち着いて機嫌よく応対する。シールを外して、蓋を開ける。目に飛び込んでくるのは色鮮やかな小学生低学年用のロシア語の教本、きれいな飾りのついた焼き菓子の包みなど。それらを順々にカウンターに並べる。この頃には後ろに五、六人が並んでいた。さらに下の書類入れなども出そうとしたら、「わかりました。もう結構です」の声。あと一枚下まで剝がしたら頭骨収納容器が露出するところだった。間一髪、文字通り紙一重で摘発を逃れた。「助かった」などという素振りはおくびにも出さず、落ち着いて手早くカウンターに出したものを宝箱に戻す。会釈をして検査室を出る。出入国審査は去年と同様で、ポンとスタンプを押してもらうだけ。乗船待合室に出た。荷物を整えて、宅配便で自宅に送るものと、携行品を分ける。

ガラガラとキャリアに宝箱やテントを載せ、大きな手提げ袋を持ち、大きなリュックを背負って歩く。少し離れたところにある日通ペリカン便の事務所へ行って別送品を大阪に送る手続きを済ます。サンプルチューブと頭骨も送ってしまう。ほとんどの荷物から解放されて、稚内の駅に向かう。身軽になって歩いてゆくとジワジワと心の中に拡がってゆくのは先刻の稚内税関での出来事である。だんだんとあの事態の深刻さがわかってくる。もしも、検査待ちの行列ができずに検査がさらに継続されていたらどんな事態になったのだろうか。九四個の頭骨が発見され、別室に連行されるだろう。分散して隠しておいた約三〇〇本のサンプルチューブも発見されるはずだ。粘りに粘って運良く行けば、摘発物はサハリンに戻されてイリヤに渡してもらえるかもしれない。しかし、もっともありそうな展開は焼却処分である。そうなったらすべてが水泡に帰してしまう。あの場面、絶体絶命の危機に陥っていたことがわかるに及び、ひざが震え、冷や汗が出て、心臓がパクパクしてくる。多分、潜在下では危機を察知して、セルフ・マインドコントロールが作動したのだ。危機評価を一時停止させ、冷静に落ち着いて振る舞うことだけを指示したのだろう。

いつもの宿を確保してからが問題だった。ゆったり寛げるロビーや広々とした風呂など無い宿舎である。遅延反応で起きた興奮状態は収まりそうになく、どこかで一息入れたい。散歩がてら駅前に戻り観光地図を眺める。少し離れているが「童夢温泉」というのがあるらしい。駅前からバスが出ている。この一カ月間、暖かいシャワーを一回浴びただけ。風呂には一度も入ってない。風呂にゆっくり浸かったら、興奮を鎮める効果もあるし衛生上も好ましいだろう。童夢温泉は稚内の郊外も郊外、峠を越えた西海岸にあった。眺望のよい浴場で、海を隔てて間近に利尻島や礼文島が見える。いろいろと趣向を凝らした湯場が用意されていて一時間くらい湯浴みをした。皮膚呼吸を阻害していた垢が流れ落ちて、呼吸が楽になったような気がする。税関通過後に起きたドキドキ反応も鎮まってきた。やや傾いてきた太陽を眺めながら湯船につかっている。今朝ユジノサハリンスクのイリヤ宅を出発したこと、コルサコフの税関通過時に見た宝箱のX線透視画面、間一髪で通過できた稚内の手荷物検査など、事実ではあるのだがリアリティを感じることができない。遠い別世界で起きた出来事に違いない。

稚内から札幌へ、不思議と冷めたウィニングラン（二〇〇七／七／二十二）

夜半に雨音を聞いた。鼻のアレルギーが日本に戻ったら急に悪化して、眠りが浅い。六時には起きて、霧雨の中を北突堤まで散歩に出た。突堤の歩道は海面よりだいぶ高い。晴れていたら宗谷海峡越しにサハリンが見えるのだろうが、雲か霧が視界を遮っている。テトラポットに打ち寄せる波は高く力強い。二回目のサハリンへの旅が無事終了しようとしている。二年前にはロシアでカラスの調査をするなどということは思いもしなかった。その頃に構想していたカラスの調査地はスペイン、イタリア、それからメキシコであった。Iwasa et al 2002 論文に出会ったのが転換点になった。この論文で推定された交雑帯に賭けてみようと決めたのは一年半前、早期退職の五カ月前だった。外国語は趣味としてスペイン語、フランス語、イタリア語、中国語とたしなんできたが、ロシア語との接点はなかった。しどろもどろにラジオ講座を聞き、ロシア語の講習に通いだし、現在は入門から初級のレベルである。クリル語族の言語を学ぶのは初めてで、ハードルは高い。年齢的にも六十歳代からの開始であるから分が悪い。でも、続けてゆくだろうと思う。まだ、ロシアでの調査は始まったばかり。これからどのような展開になるか見当もつかない。雨や霧に遮られたサハリン島のように、研究の行き先も視界不明である。

そうした不確定性の海に漂う自分を支えてくれるのは何だろう。ロシアとの縁かもしれない。母が一時的に養子入りした叔父の彫金家中村鉄之助は、訪日したロシア皇太子への贈り物を制作した。叔父の中村正明は駐ソ日本領事館の副領事をしていたし、母の弟中村龍次は書記をしている。二人とも帰国後、戦前は特高の、戦後は公安の尾行や聞き込みを受けた。そういう血縁者がらみの縁というものは、非理性的な動因を生み出すように思う。「火事場の馬鹿力」のように、ここ一番の場面で潜在的な余力を総動員してくれるだろう。

稚内駅前から札幌行きの都市間バスに乗る。ここからは出発前に立てたスケジュールに戻る。採集旅行の途中、目標を達成して稚内から札幌に向かう場面の夢を見た。車窓から青い海を見ながら意気揚々と帰るのだ。採集旅行の復路、ノグリキの猟師小屋に泊まった時のことだ。目標達成が危ぶまれるほど、採集成績が伸びない時期のことである。楽観的に心を保とうと自己暗示をかけながら寝入ったからだろうか。ともかく主体的願望がそっくり夢の中に投影されていた。

今、目標は達成できた。地域別に見ても捕獲に偏りが少なく理想的な成果である。サンプルチューブも頭骨もロシアから一時持ち出しすることができた。サハリン島全域での採集旅行は成功した。ところがウィニングランの高揚が起こらない。夢の中では意気揚々であったのに、勝利が現実のものとなった今、呆れるほどに冷めている。車窓から見える海が明るく青い夏の色でないからだろうか。この冷めた気持ちはなぜなのか。何とも合点がいかないままに、バスは札幌に着いた。札幌から千歳へ鉄道に乗り換える。千歳からは大阪まで空路で二時間ほど。バスに乗っている時間が一番長かった。バスを降りた後は目まぐるしく乗り換えを繰り返すので、冷めた気持ちの正体を問い詰める余裕は無かった。わからないまま自宅に着いてしまった。モヤモヤを引きずって二年目のサハリン遠征が終わった。

コラム　季節とともにうつろうカラスの親子関係

私のカラス研究、前半は行動と生態が中心だった。生きたカラスを観察し記録するスタイルだったから、カラスを殺すとか解剖するとかには縁がなかった。カラスの親子関係を観察することは、子育てをカラスから学ぶことでもあった。ともかく、カラスは子離れ、親離れが人間よりも上手である。はるか昔、ハシボソガラスの繁殖行動を観察していた時のことを思い出す。

五月上旬、落葉樹の新葉が緑を深めてゆく頃、素盞嗚（スサノオ）神社の林内に巣立ち後間もないハシボソカラスの雛たちが木陰に隠れ潜んでいた。幼鳥特有の羽毛が青灰色の羽鞘を破って開き始めているので、フケだらけ、灰黒色に見える。近くの畑のほうから親鳥がのど袋いっぱいに餌をつめてやってくると、雛は精一杯くちばしを開き、親に向かってビュンと突き出す。くちばしの内側の紅い部分が鮮やかだ。生えそろっていない翼をせわしなく羽ばたいて「お腹がペコペコだよ、早く餌をおくれ」と催促する。親は雛の嘴の中に、口の中に詰めてきた餌をすべて吐き出し、さらにのどの奥のほうからも吐き戻して餌を与えていた。与えられるものをすべて与えた親鳥は休む暇もなしに畑のほうに餌探しに去ってゆく。残った雛は前と同じように、ひっそりと目立たぬように緑陰にうずくまる。

この時期のカラスの両親は運動能力が未発達な雛の近くで活動する時間が多く、雛の安全に気を配りつつ餌を集め、雛の求めに応じて餌を与えようとしていた。

八月上旬、暑い夏の盛り、営巣域近くの貸し農園。幼鳥の羽毛は鞘を脱ぎ捨ててほぼ完全に成長し開いている。飛翔能力は十分に発達しているようだ。ちょっと見ると親鳥と変わりない大きさだが、詳しく見ると羽毛に赤褐色味があるのと、体が細くてひ弱な感じがあるので幼鳥と判定できる。採餌中の雄親に幼鳥が近づいた。雄親は口移しに餌をやるか、食べていた餌場を幼鳥に譲るのかと観察していると、とんでもないことが起きた。雄親は頭から首、さらに胸腹部の羽毛を逆立て、近づく幼鳥をにらみつけた。さらに幼鳥が近づくと、雄親はくちばしでつつく素振りを見せた。一瞬ひるんで立ち止まった後でさらに幼鳥が接近したとき、雄親は小さく飛び上がって幼鳥に飛びかかった。幼鳥はあわてて数メートル飛び退いて、雄親からの攻撃を避けた。しかし、遠くに逃げてゆくわけでもなく、少し離れて、雄親の餌場を未練がましく見ていた。この後も二回、幼鳥が接近したが、雄親の拒絶は変わらなかった。

運動能力が発達して自活できるようになってきた幼鳥が雄親のところにやってきても、雄親は自分のご馳走を気前よく分け与える気にならないようである。昼間はこんなでも、夕暮れ時になると、送電鉄塔の上部の狭い部分で家族揃ってねぐらをとっていた。昼間の採餌の場面と違って、夜間の家族ねぐらでは一、二メートルに近づいても攻撃されなかった。しかし、秋の彼岸の頃になると親子の関係は更に一段階進んでゆく。事態は幼鳥にとってさらに厳しくなり、ねぐら入りの頃に雄親からたびたびつつかれ、戸惑いながら攻撃をかわしている幼鳥を見るようになった。

秋十月になると幼鳥にとって事態は決定的に厳しいものになった。昼間の餌場で、これまで寛容だった雌親からも攻撃を受けるようになった。いまや食事の場において、両親から邪魔者扱いされる存在である。この頃になると、幼鳥は親のなわばりの外にねぐらをとり、送電鉄塔上部をねぐらにするのは両親だけとなった。幼鳥たちが親のなわばりの外にねぐらを取るようになった当初は、早朝に幼鳥たちが連れ立ってなわばりに帰ってきて、なわばり内でも一緒に行動していた。しかし、十二月になると幼鳥間の絆は緩くなり、朝の遅い時間に単独で親のなわばりに戻ってきて、単独で行動するようになった。

第３章　ご破算

十分な数の頭骨標本を使って交雑帯の位置を探したが、それらしきものは認められなかった。

多くのDNA試料を使って２系統の存在を探ったが、結果は曖昧なものだった。

大山鳴動して鼠１匹、交雑帯は無く、残ったのは初歩的な質問が１つ、樺太で採集してきた頭骨はジャポネンシスなのか、マンジュリカスなのか、それとも第３の亜種か？

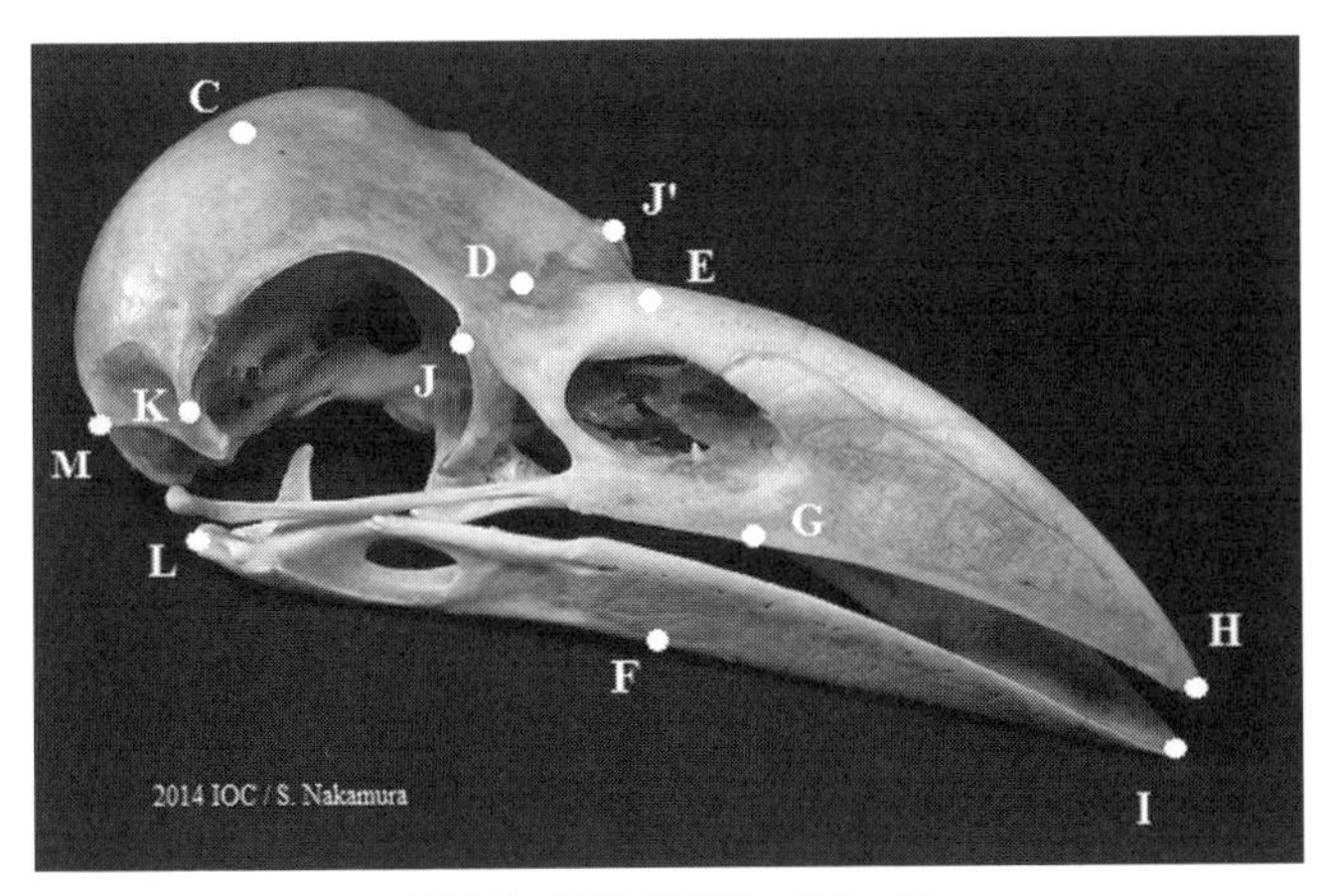

頭骨標本（記号は計測時のポイント）

1　不吉な予感

稚内から送った宝箱を開封して、頭骨の収納容器を取り出す。未完成の頭骨標本が一つ一つラップに包まれて整列している。ラップで厳重に包んであっても、内部で進行していた腐敗を閉じ込めておくことはできない。浸みだした強烈な臭いが高濃度に充満していた。夏の暑い季節だから当然である。それでも金蠅がウワンウワン飛び出して来たり、白いうじ虫がワサワサ這いまわっているのに比べたら平和なものだ。一つ一つラップから出して水きりネットの中に移し、水槽の中に沈める。さらなる腐敗の進行を期待して一週間待つ。室内に置くわけにはいかないので、外の物置に入れる。七月下旬、気温が高いこの時期の一週間は春秋の一カ月以上に腐敗が進むだろう。数日して様子を見に行ったら、水槽の周辺には悪臭が微かに漂い蠅が寄り集まっていた。かなり腐敗が進んでいるが、もうしばらく放置することにした。今度は蓋の隙間から臭いが漏れないように、粘着テープを張り重ねる。まあ、何をやったところで蠅の嗅覚は鋭いから、集合をゼロにすることはできないだろう。

一週間後に腐敗の進行を再確認する。サハリンで買ったペーパータオルで包んだ頭骨があった。開いてみるとタオルの色素が標識タッグを薄紅色に染めていた。骨が染まってなかったのが幸いである。下あごが外れだしているのが全体の五％、逆にしっかり付着しているのが五％。あと一週間したらクリーニング作業に着手できそうだ。

八月の初め、いよいよ作業開始である。丁度いい具合に家族が十日間旅行に出て、家にいるのは自分独りとなった。室内でなく、カーポートで白骨化作業をやる。留守をいいことにマイペースで作業に専念できた。確かに臭い。そして相変わらず気持ちが悪い。一〇〇個体もの第一段階未了の頭骨を白く輝く白骨標本に変えるのだから容易なことではない。八月に入って暑さが本格的になった。寒冷紗を張ってあるとはいえ、カーポートは暑い。連日六時間から八時間の実労働で、一週間の働き詰め。終わりの頃には腰に疲れがたまって、汚水を排水溝まで運ぶのが難儀になった。十分にストレッチをやってギックリ腰対策をしてから、気合を入れて運ぶ。家族が帰ってくる頃には標本にラベルを貼り付け、道具をすべて洗浄して物置にかたづけた。

この後に待っているのは、頭骨の写真撮影、計測、統計ソフトを使用してのデータ解析である。クリーニング作業中に随分小さい頭骨だなという印象を持った標本が少数ながらあった。多分これらがマンジュリカスなのだ。かすかな手ごたえを感じる。解析を進めてゆけば、著しく小さいものと普通の大きさのものとの間に多くの差異が検出されるだろう。ネチャエフが予測しているようにマンジュリカスの分布は北部に限られることになるだろう。キリシタンへの弾圧が本格化した時代、特殊な鏡をキリシタンは制作した。見たところは何の変哲もない鏡なのだが、特別な角度から光を当てると十字架が反射投影されるからくりになっていた。カラスの交雑帯も、凡庸な眼をもって漫然と眺めているだけでは認識できない。沢山の頭骨を比較して統計分析をしていけば、キリシタンの鏡のようにくっきりとした像が浮かび上がってくるだろう。

八月の下旬からは写真撮影に移行した。全標本を上下、左右、前後より合計六枚ずつ撮影するのだ。しかし、この段階の終わり頃から面白くない印象が滲み出してくる。ゲシュタルト的直感とでも言おうか、部分の寄せ集めでなしにひとまとまりの全体として見た時に、マンジュリカス容疑者と他の連中の間に、大きさ以外には差異が無いように見えるのだ。

九月からは頭骨の計測開始となる。測定項目を定めて、それぞれの測定をビデオで記録し、文書化もしておく。数カ月後または数年後に再測定となった時に測定技法にブレが生じないようにする工夫である。計測はノギスで二〇分の一ミリまでの精度で行う。目の疲れる作業で、一日二〇個体もやると目にこたえる。夕方の散歩で、真ん丸のはずの満月が小惑星イトカワのように歪んで見えたのに愕然とする。何もしなかった翌日の夕方には、ほぼ真円に戻っていた。

頭骨を計測しながら、ある有望な仮説を思いついた。沖縄よりさらに南方の島に生息するハシブトガラスの仲間にオサハシブトガラスという亜種がいる。これを研究している山階鳥類研究所の山崎剛史の話では、幼鳥の骨格成長は生まれた年の秋には止まるという。私が見ている樺太の幼鳥は次の年の初夏でも止まっていない。島嶼性のオサハシブトガラスはとても小さいハシブトガラスである。最も北に生息する樺太のハシブトガラスは全亜種中で最大である。成鳥段階での体の大きさの違いをもたらしているのは、成鳥停止の時期の違いではないだろうか。人間の場合はどうなのか、イタリア人はノルウェー人より早く成長が止まるのだろうか?

2 頭骨の形態を調べた結果は、否

十月の末には樺太の頭骨データを入力して分析を始める。当初計測した項目だけでは不十分なことがわかって追加計測をする。統計解析が終了したのは冬の初めだった。樺太の採集旅行を計画した段階での目論見は、頭骨分析をすれば「北部から南部に進む間に急激な形態差（ギャップ）が確認され、交雑帯とおぼしき地域が明らかになる」というものだった。しかし、統計解析の結果は期待を裏切るものとなる。交雑帯と言えるような地域間のギャップは存在しなかった。北部でなくてもいいから、あるところからカラスの大きさが劇的に変わってほしかった。しかし、そうは問屋が卸さない。中部にも、南部にも、そのような急変はどこにもなかった。極端に小さいカラスがいるのは事実だが、その数は雌雄とも数個であり、北部に集中しているわけではなかった。ヴォーリェは北東アジアには二亜種が存在し、樺太にはジャポネンシスだけが生息しているという。ネチャャエフは北部にはマンジュリカスも生息し、そのあたりにジャポネンシスとの交雑帯がありそうだという。

彼らの著作を詳しく読み返してみる。ヴォーリェは博物館の仮剝製標本を計測している。二亜種の間には嘴の長さと高さで絶対的な差が認められたとして、計測値の平均値、最大値、最小値を記載していた。マンジュリカスの一番大きい奴よりも、ジャポネンシスの一番小さい奴のほうが大きいという。ところが、雌雄が一緒くたに扱われ、標本数も記載されていない。一九五九年の頃にはこれでも済んだらしい。半世紀経った現在では許されない粗雑な処理であった。

ネチャーエフは実際に樺太の現地に行って、一九八〇年代にかなりの数のカラスを銃で採集している。彼は雌雄別々に取扱い、標本数も明記している。先行研究者ヴォーリェの亜種基準に従い、小さいのをマンジュリカス、大きいのをジャポネンシスとみなした。小さいカラスは少数ながら北部だけで採集されていた。大きいカラスは北部も含めて樺太全島で採集されていた。二亜種が樺太北部に生息していると判断して交雑帯の存在を予測したのだった。

私の得た結果はネチャエフの結果に近い。大きいカラスが圧倒的に多く、小さいカラスはごく少数である。違うのは、小さいカラスの採集地が、ネチャエフでは北部に限られ、私のでは地域的偏りがない点である。小さいカラスと大きいカラスの頭骨を机の上に並べてしげしげと見比べる。一週間後にもう一度取り出して見比べる。一カ月後にもう一度同じことを繰り返す。さっぱり違いがわからない。嘴の長さと高さ以外に違いがないように見える。大きさが違うだけなのだろうか？　いや、そんなことはない。ヴォーリェもネチャエフも超一流の鳥類学者である。駆け出しの私にはわからないだけなのだ。そもそも、これがマンジュリカスだとされている標本を私は見たことがないではないか。マンジュリカスはウラジオストクで採集されたカラスが標準として登録されている。ネチャエフはウラジオストクに長年住んでいてマンジュリカスと顔馴染のはずであるから見損じるなどありえない。何かがおかしいのだが、それが何なのかさっぱりわからない。

3　遺伝子の解析結果も、否

遺伝子によるアプローチは秋十月に動き出した。数週間の日本滞在で京都大学に来ていたクリュコフに会って、樺太で採集してきたDNAサンプル一セットを手渡した。分析器械が不調なので北海道大学で解読をする予定だとのこと。彼はかなりの数のハシブトガラスのミトコンドリアDNAの解析をしており、樺太のデータが加われば精度の高い結果が得られるはずである。標本数が多く、全塩基配列の読み取りなので時間がかかる。その結果の解釈にはさらに時間がかかりそうである。一年で終わるだろうか。いつ終わるかよりも、彼の遺伝子解析が形態で直面している困難を解消してくれるかどうかが気掛かりだった。

ほぼ一年後の二〇〇八年夏の初めにクリュコフからミトコンドリアDNAの分析結果が届いた。恐る恐る添付ファイルを開く。がっかりだった。遺伝子分析の結果も、樺太に二系統が存在することを支持してくれなかった。そもそも、東アジアのハシブトガラスは、単系統的で大きな枝分かれが無かったのである。形態からは二亜種に分けることができると言われているのに、対応するような遺伝子型が見当たらない。無理をしたら遺伝子型を大陸系と列島系に分けることができるらしいが、専門家筋からは「かなり投機的」と見なされる信頼度らしい。そのように分けた場合でも、樺太には大陸系と列島系がランダムに混在していた。大陸系と列島系が綺麗に南北で分かれて、狭い範囲で混ざっていたら万々歳なのだが、全島で入り乱れているのではどうしようもない。ミトコンドリアDNAによるアプローチは、樺太に交雑帯を想定するのは無理と結論していた。

この時点では、形態の結果もDNAの結果も期待を裏切ってくれただけだった。どちらも、交雑帯の存在を完全に否定しただけで、何か次につながるような手掛りすら与えてくれなかった。全くのゼロ回答と言っていい。それらネガティブな結果に価値が見いだされるのは遥か先のことであった。そのためには、樺太という小さな枠組みを脱け出す必要があった。

4　ご破算

クリュコフによる遺伝子分析からのアプローチも交雑帯は存在しないと結論づけた。このことは彼の分析結果が届く半年以上も前、形態からのアプローチが交雑帯の存在を否定した段階で予想できたことだった。しかし、予想はしていても一縷の望みを抱いてきた。交雑帯がないということが確実となり、二〇〇六年春から始めたプロジェクトの破綻が現実となった。薄々はわかっていても、明白な事実として突きつけられると狼狽える。樺太で標本採集の名目で一〇〇羽を超えるカラスを殺生してきた。一〇〇万円を超える私費を投入した。残り少ない人生のなかで、最良の二年間がむなしく消えてしまった。しかし、悪い事ばかりでもなかった。ご破算という事態は唐突に訪れたものではなく、半年の時間差を置いて二回に分けてやってきた。だから、心の準備はできていた。さらに、六十歳代の初めの出来事であったので、心身に粘りと反発力が十分に残っていた。

毎年元旦には一年の計を策定することにしてきた。しかし、二〇〇八年の始まりに際して明確な目標は設定できなかった。当初の目論見では、サハリン全域で採集してきた頭骨より交雑帯の存在しそうな地域が絞り込まれ、その地域に今年の繁殖期に訪れ、一カ月以上滞在して調査するはずだった。しかし、採集してきた頭骨標本から交雑帯の位置を推定することはできなかった。はっきりしているのは今年サハリンに出かけても何も得るものがないということだ。「調整と準備の年」という漠然とした目標規定しかできない情けない状況であった。去年の夏、サハリンでの標本採集の旅を首尾よく終了した後、稚内から札幌に都市間バスで戻ってきた時のことを想い出す。あの時、ウィニングランの高揚が起こらなかったのは今日のこの事態をうすうす予感していたからではないだろうか。

クリュコフの分析結果が出てくるまでの宙ぶらりん状態を無為無策に過ごさないために、論文や本を集中的に読んだ。特に氷河期に関連した図書を渉猟する。クリュコフが共著者になったユーラシア大陸のカラスに関する論文を理解するためでもあった。カラス科の仲間は氷河期の影響で東西二系統に分離したものと、分離していないものがあるという画期的な論文である。日本ではあまり注目されていないが、国際的には高い評価が与えられている。ユーラシア大陸の西の端から東の端まで、ハシボソガラスが生息している。三亜種に分かれていて、中間に分布するものは、黒と灰色のツートンカラーである。ところがミトコンドリアDNAで比較して系統図を作ると、形態での地域区分と一致しない。三系統でなく二系統に分かれてしまう。西の系統は欧州からシベリア東部にまで分布し、東の系統は日本、沿海州、樺太とユーラシア大陸の東端に限られている。形態と遺伝子の不一致はとても興味深い。別の種のこととはいえ、ハシブトガラスにも関わる何かがある。

極東のハシブトガラスの研究を気候変動と絡めたら、大物が釣り上げられるかもしれない。地球の温暖化がクローズアップされるようになってから、過去の気候変動に関する研究が活発になって、関連する図書が多く出回っている。多分に研究費獲得の宣伝も兼ねているのだろう。流行に乗っての軽薄本もあるけれど、最新の成果を一般向けに丁寧に解説しているものもあった。気候変動の歴史を学んだことで、自分の現在地が見えてきた。時間的には後氷期が始まって一万二千年経過した現在だけに、空間的には北東アジアだけに限ってハシブトガラスの分布を考えてきた。時間軸を三百万年前から現在までに、空間軸を極東だけでなく東アジア全体まで拡大したら、新しいものが見えてくる予感がした。

書斎にこもるだけでなく、マンジュリカスの標本を求めて遠出もした。千葉県我孫子市にある山階鳥類研究所には膨大な数の鳥の標本が保管されている。大戦末期の東京大空襲でたくさんの文化財が焼損した。華族の蜂須賀・黒田・鷹司らが収集していた膨大な鳥類の剥製標本のほとんどが焼失した。幸運な例外が一つだけあった。渋谷南平台にあった山階邸の標本棟は特別頑丈につくられていたので、米軍の爆撃で屋根が吹き飛んだにもかかわらず損害はわずかであった。ここには日本国内だけでなく、嘗ての日本の植民地で採集されてきた標本が相当数保管されていた。一九八〇年代に研究所は南平台から我孫子市に移転した。世界的にもトップクラスの所蔵標本を誇る標本室も一緒に移った。ハシブトガラスの標本も期待できる数が保管されているらしい。マンジュリカスもあるだろう。今回の訪問は標本室の責任者の好意により可能になった。二日間にわたり朝から晩まで存分に標本を調査できた。関心のある地域で採集されたものについては計測と撮影を行った。

この標本調査の過程で奇妙な標本に出会った。樺太南部で採集されたジャポネンシス標本の中に、とても小さな標本が一体あった。朝鮮半島で採集されたマンジュリカス標本の中にも、不自然に小さな標本が二体あった。随分と小さい個体がいるものであると驚いただけで、この時は終わってしまう。個体群内の変異という枠組みで納得してしまった。この時点では別の角度からこの小さな標本を考えることができなかったのである。同じものを見ても頭の中にどんな画像解析ソフトが準備されているかによって、見えるものは違ってくる。海岸に立って水平線を見たときに、水平線が直線に見える人、わずかに湾曲して見える人の違いである。「真犯人」逮捕に近いところまで迫っていたのに見逃してしまったことが、三年後に判明する。

樺太のマンジュリカスに会えるかもしれないと期待してやって来たのだが、調査初日の昼には失望の淵に沈んでしまう。樺太北部の標本がないのだ。ここに収蔵されていた樺太の標本は立花又吉という有名な標本採集人が、華族の依頼で樺太に渡り、半年以上かけて採集してきたものである。樺太南端から日ソ国境まで、一〇三種、六九八個体を採集してきた。大正末のことであった。戦前においてソ連（赤色ロシア）は仮想敵国であり、北緯五〇度線を挟んで敵対関係にあった。地吹雪の舞うこの国境を越えて新劇女優岡田嘉子と演出家杉本良吉がソ連に亡命した事件は、立花が採集に訪れた十年後の出来事である。国境の北はソ連領、立花が樺太北部で標本を採集できるわけがなかった。そうはいってもせっかくの機会である。朝鮮や南西諸島の標本に出会える貴重な機会を無駄にはできない。落胆に耐えて後の一日半、標本の計測と撮影に黙々と取り組んだ。

5　戦略の再構築

二〇〇八年夏、樺太に二亜種が生息しているかもしれないという期待は完全に否定された。探し求めてきた交雑帯が蜃気楼にすぎなかった事実を受け入れなくてはならない。大山鳴動して鼠一匹というが、それを絵にかいたような情けない結末となった。

戦略の見直しを迫られる。この二年間の研究で得られた鼠一匹は「樺太に生息しているのはマンジュリカスなのか、ジャポネンシスなのか、それとも第三の亜種なのか」という問いであった。この問いに答えるためには、マンジュリカスの本拠地である沿海州の頭骨とジャポネンシスの本拠地である北海道の頭骨が必要である。山階鳥類研究所には北海道の標本が少なからず保管されていたが、仮剝製標本であって頭骨標本ではない（註：剝製には本剝製と仮剝製がある。前者は歌舞伎役者が見栄を切るような、格好いい姿勢に仕上げた観賞用である。後者は串に刺されて直立不動の姿勢で、標本収納箪笥の中に整列している。形態や羽色がわかればいいという研究用である。どちらも嘴はついているが頭蓋は著しく破壊されている）。クリュコフから聞いたところではウラジオストクの彼の研究所にも標本があるが、仮剥製標本なので役には立たないという。ともかく、樺太に隣接した北海道や大陸側の頭骨が手に入らないことには一歩も前に進めない事だけは確かだった。

6 ジャポネンシスの本拠地、北海道の頭骨標本が届いたが

北海道の鳥類研究者に打診してみた。北海道でのハシブトガラスの銃による採集が可能かどうか、害鳥駆除で箱罠を設置している自治体がないかどうか、頭骨のコレクションを持っている博物館や大学はないかと。辛抱強く訪ねまわったところ、知人の玉田克巳から朗報が届いた。一九九〇年代の初めに北海道・帯広の池田町で害鳥駆除としてカラスが捕獲処分されていた。この時に死体が実習教材として帯広畜産大学に渡ったらしい。学生の実習作品として提出された頭骨標本が廃棄されずに保管されていた。これが利用できたら、北海道でカラスを採集しなくて済む。欠点はDNAサンプルが採取保存されていないことであるが、これは仕方ない。当時、日本の鳥類研究者の多くはDNA分析と無縁であった。それでも、彼が保管している北海道標本を利用できれば本家ジャポネンシスの形態データが入手できる。彼が貸し出してくれたら、北海道でカラスを採集しなくて済む。経済的にも北海道でのカラス採集は難しいいし、もう殺生はできる限り避けたい。貸し出しの依頼メールを出したが、返事はすぐには来なかった。無しのつぶてが続き、このあと二回追加の依頼メールを送った。そして最初のメール送信から三カ月後、何の予告もなしに頭骨の入った段ボールが届いた。

十月の中頃に、玉田から届いた標本を二カ月にわたって計測を重ねた。一回目が終わって暫く時間を

おいてから、測定項目を再検討する。樺太の標本を計測した経験があっても、別の地域の標本を計測しているといくつかの改善点や、追加の測定項目が浮上してくる。測定記録用紙を手直しして、二回目の計測を行う。さらに、時間をおいて三回目の測定も行った。標本を送り返したあとになって測り忘れの項目が浮上したとき、二度目の借り出しという好意を得られるかどうか心配だったからである。

後日、彼からのメールには「標本には特別に個人的な思い入れがある」と書いてあった。彼が大学院生であった頃に関わった実習指導だから、いろいろな思いのこもった宝物なのだと思う。コレクションとの関わりは人それぞれである。私はと言えば「研究が終わったら、博物館か研究所に寄贈して公開利用に供したらいい」と思っている。死んだ後にカラスの頭骨など残していったら、家族にとっては迷惑なだけだろう。

北海道標本の計測結果を年末までには入力して、樺太標本との比較に入った。ジャポネンシスの標識標本は北海道で採集されている。樺太の大多数のカラスはジャポネンシスのはずである。二地域の標本は重なるに違いない。ところが比較してみると、重なっているようでもあり、重なっていないようでもあるという曖昧な結果になった。北海道標本には比較に使える標本が少なかったことが原因である。送られてきた北海道標本は二〇〇近くもあったのに、圧倒的に幼鳥が多かった。幼鳥は味噌っかす、ないしはゴマメであって、形態比較では使えない。箱罠での捕獲だから、こうした偏りが起こる。さらに、樺太との比較では繁殖期に捕獲されたものに限定した。非繁殖期の冬場には樺太から大挙して渡って来るので、樺太出身のカラスが混入するからである。こうした事情から標本数が不足気味になり、統計分析にかけたときに明瞭な差異が得られなかった。

マンジュリカスの標識標本は大陸側沿海州、ウラジオストクで採集されている。クリュコフに聞いたところではマンジュリカスの頭骨標本はウラジオストクにも、モスクワにも、サンクト・ペテルブルグにも無いという。無いのだから、大陸側で自ら標本採集をするしかない。樺太での標本採集で世話になった旅行社やハンターに大陸側で標本採集をやるのを手伝ってくれと、この年の夏以来、何回も働きかけた。何度もメールの往復があったけれど、脈のある返事は来なかった。大陸側は行政区分が違うので、捕獲許可を得るのが地元のサハリン州のようにはいかない。移動手段にしても、昨年のサファリの再出動は「高齢」ゆえに無理なようであった。壁に突き当たったと感じた。正真正銘のマンジュリカスの頭骨に出会える道を探しあぐねていた。手詰まり感が募るばかりの二〇〇八年の大晦日、途方に暮れて除夜の鐘を聞いた。

コラム　いかさまサイコロ

チェーホフは『サハリン島』で刑務所内の乱脈と不正を告発した部分で、マイダン（鉄火場）でサイコロ賭博が蔓延していると記している。日本でも時代劇やヤクザもので、よく出てくるのは丁半博奕である。サイコロ賭博はロシアでも日本でも人気があるらしい。ところで、博奕にはいかさまが付き物である。一番ポピュラーなのは、いかさまサイコロを使う方法であろうか？　外見は普通のサイコロなのだが、作るときに鉛の粒を中心からズラした位置に埋め込んでおくと、特定の目が出やすくなる。真面目に作ったサイコロなら、丁（偶数）と半（奇数）の出る確率は等しい。いかさまでは、どちらかが出やすくなる。

あるサイコロがインチキかどうか確かめるにはどうするか？　映画やテレビでは、歯でサイコロを噛み割って鉛玉を見せるという破壊的手法で証明する。この場面、私には刺激的で、「あんなことやったら割れるのはサイコロじゃなくて、歯だよ」とつぶやいてしまう。歯で割らなくても、非破壊的にいかさまは証明できる。何回もサイコロを振るのだ。

五回振って丁か半のいずれかが四回続けて出たら、このサイコロはインチキだろうか？　純

正であれば丁か半が出る確率は一回目が二分の一、これが四回繰り返される確率は二分の一を四回かけるので $(1/2)^4=1/16=0.0625$ となる。四回続けて丁なり半なりが出た場合、純正サイコロをいかさまと誤判定する確率 P（危険率）は 0.0625 である。この確率は十分に小さいと言えるのだろうか？ 生物学の世界では 0.05 より大きいので「純正であるという仮説」を否定するのは危険であるとなる。このサイコロは無罪、純正として扱われる。

では、五回振って丁か半のいずれかが五回続けて出たら、このサイコロはインチキと判断していいのだろうか？ 純正をいかさまと誤判定する確率は、$(1/2)^5=1/32=0.03125$ となる。0.05 より小さいので、「純正であるという仮説」を否定しても危険ではないとなる。このサイコロは有罪、いかさまとして扱われる。

生物で統計検定をしてある結論を出した時には、その判断の危険率を明記することになっている。通常は $P<0.05$ で十分らしいが、場面によっては〇・〇一とか〇・〇〇一の水準が使われるし、〇・一というのも稀にはある。「どうして〇・〇五なの、〇・〇四とか、〇・〇六でもいいじゃん？」と問いかけても、誰も答えてくれない。このへんが生物学のいい加減なところ、逆に言えば懐が深いところなのだ。

当初、樺太と北海道の形態差を統計的に確かめた時、危険率が〇・〇五を僅かに超えてしまった。北海道の標本数が少ないのが原因だった。サイコロの検査で振る回数が少ないと誤判定する確率が高いのと同様である。後日、残り半分の標本が利用可能になって、〇・〇五を楽々クリアして〇・〇一に近い値で、樺太と北海道は形態が違うことが確かめられた。

第４章　コンコルドの失敗か？

駄目もとと覚悟して出したメールが、大陸への扉を開いた。
標本採取が実現可能になったが、成算があるわけではない。
コンコルドの失敗になる危険を覚悟のうえで、大陸側での標本採集に乗りだした。

ユダヤ自治州の州都入り口に立つ記念碑。右側はヘブライ語、左側はロシア語表記（左はハンター、右はクリュコフ）

1　大陸への扉が開いた

前年、二〇〇八年はネガティブな結果ばかりが目立った。樺太への三度目の遠征は実現しなかった。春に、山階鳥類研究所へ行って標本を調査したが、マンジュリカスに関して有力な手掛かりは得られなかった。交雑帯が存在しないことは、ＤＮＡの解析結果が出た夏の段階で最終的に確定した。秋に玉田克巳の好意により北海道標本を測定することができたが、樺太と北海道が同一系統なのか、別系統なのか、明確には判定できなかった。

ないないづくしの袋小路を脱出するためには大陸側でマンジュリカスの頭骨を集めるしかない。樺太のハンターや旅行社が助けにならないのなら、大陸側で新規に開拓してゆくしかないだろう。協力関係にあるクリュコフに頼んでみよう。しかし、二〇〇七年の樺太以上の出費を覚悟しなくてはなるまい。それと心の準備も必要である。カラスを殺すのは終わったと思っていたのに、再び同規模の「殺戮」をしなくてはならなくなる。彼に支援を頼む前に、財布と私の心に相談する。お金のほうは数日で目途がついたけれど、気持ちのほうは一週間してもモヤモヤしていた。カラスを殺して万能はさみで首を切断するのはもうたくさんだ。頭骨標本にするためのクリーニング作業など御免こうむりたい。

しかし、二〇〇九年の元旦に「毒食らわば、皿まで」の決断をする。三が日が明けてすぐ、クリュコフへ依頼文を書き始める。何度も校正して、発信したのは一月の半ばを過ぎていた。二〇〇六年にスタートした北東アジアのハシブトガラス研究を打ち切るか、継続できるかを左右する大切な依頼文である。

一週間ほどで届いたクリュコフからの返答は想定を超えてポジティブなものだった。心強いことに彼も銃を持って採集旅行に同行しようという。ハンターの手配、自動車と運転手の手配も心当たりがあるという。ビザの取得に必要なインビテーションは研究所から発行してもらえるとのこと。採集旅行後に頭骨標本を作製するための場所も確保してもらえそうである。

しかし、採集旅行の後、標本作製でウラジオストクに五週間滞在する時の宿の確保が難しい。二〇〇七年の樺太からのロシア出国、日本入国の時のような危険は繰り返したくない。そのためには、完全に白骨化してから日本に持ち帰る必要がある。しかし、ホテルに一カ月以上も長期滞在したら宿泊費が馬鹿にならない。そうは言っても「叩けよ、さらば開かれん」、工夫すれば何とかなるだろう。総支出は一〇〇万円を超えるかもしれないが、交渉次第で乗り越えることができるだろう。何かを始めようとなれば障害物が出現するのは当たり前。乗り越えてゆく意志と才覚があると思い込むしかないだろう。

そうはいっても気掛かりなのはこの決断が「コンコルドの失敗」にならないかという点であった。英仏が共同開発した超音速旅客機コンコルドは、経済性よりも政治的威信が優先して失敗した。開発コストが膨らみ、燃費が悪く民間用航空機としての成功に疑問が持たれた。何度も開発中止が検討された。その度に、「これまでに投入した額の数分の一を追加投資したら完成する」+「いま止めたらこれまでの投資がすべてパアになる」と主張する開発継続派が勝った。膨大な開発費を投入してコンコルドは空に飛び立った。完成はしたけれど、民間航空機としては失敗だった。航空会社は経済性の難点から購入をためらい、環境保護団体からは離着陸時の騒音、飛行時の衝撃波の発生、排気ガスによる成層圏の汚染、オゾン層の破壊などがやり玉に挙げられた。結局、パリとリオデジャネイロのような辺鄙な路線でしか就航できず、空前の赤字を出してコンコルド・プロジェクトは終了した。

コンコルドの失敗と呼ばれる愚行を人はするものである。「これまでこんなに注ぎこんだ。もう少し注ぎこんだら目標が達成できる。だから、あきらめないでもう少し頑張ろう」という判断ミス。悪い男（女）に背任横領を重ねて貢ぐ女（男）。よくある三面記事である。博奕依存症で負けの込んだ奴が次の一勝負でと無理を重ねてスッテンテンになる話はありふれている。先の大戦で日本の戦争指導部は欧米に屈服してでも戦線を縮小すべきであったのに、大陸に更には太平洋にと戦線拡大して最悪の失敗を犯してしまった。自分は樺太で失敗して、それを取り返すために戦線を大陸に拡大しているのだろうか。「今ぞ、雄々しく大陸に」は戦前に流行った軍歌の一節である。

コンコルドの失敗にはならないという根拠を冷静に点検する。標本採集が成功する見込みは十分あるし、そのあとの分析でも期待できるものが得られると思う。けれども一〇〇%うまくゆくという保証はない。大陸で残存資金のあらかたを投入して失敗したら、他の地域に転戦して、他のカラスを追いかけることはできなくなる。そのリスクを覚悟のうえで大陸側での標本採集に踏み出す。この決断を後押ししたのは恐れだった。ここで止めたら、樺太で沢山のカラスを殺傷したことが全く無益であったことになる。無益な殺生を犯したという罪しか残らない。勿論、大陸でも失敗したら二倍の罪になるのだが。

クリュコフとの交渉ではこちらの条件だけ示して、彼の手腕で日程・予算・ハンターやドライバーの確保・車の借り出しなど進めてもらうことにする。いちいち細かいことをそのたびに連絡を取り合って決めるのはお互いに煩雑である。ビザ取得は二月に準備を開始し、四月には大阪の領事館に申請に出かけ、二週間後にビザを受け取りに行った。

ウラジオストクでの長期滞在については、ビザが出た時点でも目途がつかなかった。ロシア旅行に特化した旅行社にあたったが、駄目だった。別ルートからのアプローチが必要だった。二〇〇六年秋から参加してきたロシア語講習の講師アリョーナに相談してみる。彼女はウラジオストク出身であった。心当たりがあるというので、辛抱強く待つことにする。彼女の知人で海運会社に勤める人がホームステイを引き受けてくれるかもしれないという。照会してもらったところ、ホテル素泊まり滞在の半額程度の経費で引き受けてもらえることになった。食事もついてだという。出発の三週間前のことである。運気が上向いてきたことを実感する。

大陸側への遠征でサハリンと違うのは、ダニ脳炎対策だった。出発前に予防注射をしておくことをクリュコフから助言された。普通の観光旅行なら不要だけれど、藪の中にも分け入っていく場面も予想されるので、ダニに刺される危険がある。ヒルに吸い付かれても同じ病気を発症するらしい。二〇〇六年にサハリンでヒルに吸い付かれた経験がある。サハリンでは脳炎の心配はなかったけれど、大陸では危険なのだ。出発前に二回、十日間の間隔を置いて接種した。珍しい予防接種なので処置してもらえる医療機関を探すのが大変だったし、接種の費用がバカ高かった。

その他の準備はサハリンへの二〇〇七年の本調査に準じて進めたらよかった。五月に入ってからの二週間に集中的に資材の購入を行い、出発の四日前にはすべての準備を完了させた。三日前に荷物の大半を富山県の伏木（ふしき）港埠頭に宅配便で発送する。

2　大陸日誌二〇〇九

伏木港からの日本出国（二〇〇九／五／二十二）

ウラジオストクへは新潟空港から空路で向かうのが一般的だが、樺太の時と同様に海路を利用する。

安いし、荷物がべらぼうに多いし、通関の検査も煩わしいからである。日本からウラジオストクへ行く船、ルーシ号は伏木港から出港する。伏木港と聞いて「あっ、富山のね」と応じることができる人は、身近にはいなかった。日本からロシアへ輸出される中古車はすべてこの港から積み出される。ロシアとの交易に特化した港なので知名度が低いのだ。

伏木港の埠頭には予定通り、出航より大分早い時間に着いた。今回は、宅配便で送った資材を埠頭入り口で受け取るという軽業である。手違いがあった時に、四時間程度ゆとりがあれば対応できるだろうと踏んでいた。さすがに日本の宅配便は正確である。約束の時間にピッタリ持ってきてくれた。有難いものであるが、同時に贅沢な悩みが生起した。浮いた四時間をどこで、どう過ごしたらいいのだ。埠頭周辺は殺風景なところで、気の利いたレストランやカフェのような時間潰しの店が見当たらない。曇り空から小雨がぱらつく空模様の下で、手荷物は数倍増加している。昼をまわっていて腹もすいてきた。タクシーをつかまえて郊外型のファミレスに行こうかと思ったが、タクシーの往来もない。埠頭というのは入港と出港の時だけ大忙しで、あとは閑古鳥が鳴くところらしい。

荷物をまとめてワイヤーロックして、周辺を探索する。パラパラとバーやスナックが並ぶ横町に来た。昼下がりだから営業しているわけがない。夜の闇の中なら、キツネ御殿やタヌキ御殿の輝きがあるかもしれないが、真昼間なのでスッピンの白々しさが痛々しい。一軒だけ扉が開いているので、戸口から中に声をかけた。五十代半ばのおばちゃんがいた。「どっか食べるところないですか」と聞くと、ラーメンなら電話して出前を取るよとの答え。有難い。電話してもらい、荷物を取りに戻る。店内は調理のスペースを含めても八畳少々と狭い。テーブル一つにカウンター席だけなので七、八人入ったら満席である。おばちゃんと世間話をしながら出前のラーメンを食べる。一時期は大阪のミナミでホステスをやっていたそうである。浮き沈みの大きな人生を送ってきた様子が感じられる。ラーメンを食べてから、コーヒーを淹れてもらう。乗船の時間が近づいたので支払いをして出ようとすると、大変そうだから車で送ってあげようという。軽乗用車に荷物を満載して埠頭に進入し、ルーシ号のタラップ下まで楽々到着となった。人と人の出会いは面白いものだと思う。おばちゃんの良いところと出会え、その善意に助けられたのが嬉しい。タクシーをつかまえてファミレスで昼食をとっていたら、こんな幸せには縁がなかった。旅の幸先として、とてもいい昼食と時間潰しになった。

さて乗船であるが、サハリンへの出国とはえらく趣が違う。出入国審査も荷物検査もなしに乗船である。すべての荷物は自分で持ち込む。船内に荷物置き場があって、客室に持ち込めないのはここに置く。サハリン航路では荷物の積み込みは機械がやってくれた。ところがルーシ号では埠頭から長いタラップを自力で持ち上げるのである。傾斜三〇度近く、高度差一〇メートル以上のタラップを三往復した。腰にはかなりの負担で、腰痛の発作が起こりはしないかと不安になる。

最安のランクの乗船券を購入したので、船室には窓がない。運よく、定員四人の船室に乗客は二人。夕食の後、同室者と一緒にビールを飲む。同室者は四十になったばかりの、演劇を生業にしている男だった。秋から海外青年協力隊に参加して、二年間キルギスに行くという。学生時代に演劇にはまり、弱小劇団で活動を続けてきたらしい。キルギスでは演劇指導をするのだという。綱渡りのように不安定な生活を支える力は何なのか。ひとつの地方公演を企画し実行するうえでの、苦労や喜びを聞く。劇とカラスは違うから喜びや苦しみの詳細は違っていても、本質は変わらないようだ。どちらも銭にならないけれど、人を夢中にさせる何かがあるらしい。マンネリから脱却するための契機を求めてキルギスに行くというのにも共感できる。彼の年齢、四十歳前後というのは幾つかある人生の節目のうちで最後に訪れるものだと思う。私はこの節目に物理学を捨てて生物学に乗り換えた。彼の旅行はロシアに慣れるためで、ウラジオストクからイルクーツクまでシベリア鉄道で行き、イルクーツクから間宮海峡に臨むワニノまでの戻りはバム鉄道を利用するという。

ルーシ号の船客（二〇〇九／五／二十三）

船はかなり空いている感じである。日本人旅行者は乗客の五分の一程度らしい。朝の食事の時に向かいのテーブルに六十歳代の日本人四人組が座った。にぎやかに大きな声で喋っているから、聞きたくなくても素性がわかった。ユーラシア大陸の東端のウラジオストクからシベリア鉄道でモスクワへ、そのあと鉄道を乗り継いで、最後は歩いてサンチャゴへの道を巡礼するらしい。西端までたどり着いてから、復路も中央アジアを遍歴して帰国するという会話が聞こえてくる。取り立ててスピリチュアルなようでもなく、極端にリスクが高いような旅でもない。しかし、彼らの年齢からすれば大冒険旅行である。勇気と行動力に乾杯したい。年をとっても世界を旅して見聞を広くしようとするのは良いことだ、と共感したとたんにズッコケを喰わされた。テーブル横をロシア人の若い女性が通り過ぎた。アレッというくらいブラウスとパンツの間が開いていて素肌を曝していた。それを見た彼らは嘲笑気味に評断した。日本語だからわかるまいとたかをくくっている。日本語のわかるロシア人もいるのに軽率である。しかし、諍いになることよりも彼らの精神が偏狭であることを心配した。どんなに遠くの国を、どんなに長く旅しても、おのれの精神世界を広げることはできないだろう。見慣れないもの、なじみのないものに出会ったときに第一に心がけるべきは、子どものようになることだと思う。好奇心を解き放ち、五感を総動員して対象を捉えたい。

飛行機と違ってルーシ号の船客は変わり種が多い。三十代初めのカップルがいた。少し遅れた新婚旅行としてバイクでユーラシア大陸横断に出発するという。現代の坂本竜馬とお龍のようで、カッコいい。甘えたボンボンで、親の脛をかじりながら無目的に旅に出るプー太郎もいた。長い人生ではそんな愚行も将来の肥やしになるだろう。

船室には窓がなく、外が見えない。午前と午後の二回、甲板に出てビールを飲む。雨ではないが全天が雲に覆われているので、海は無表情である。でも、船室と違って開放感があるのが良い。サハリンへの二回の渡航に比べて気分的に余裕がある。ロシア遠征は三度目なのだから。

腰痛のカラータイマー点滅下のロシア入国（二〇〇九／五／二十四）

昨日一日だらだらと休養していたのに、いざロシア入国という段になって腰痛の警告灯が赤く点滅を始めた。同室の演劇男や、バイク男に荷物の移動を手伝ってもらう。長いタラップを降りて、再び階段を上ってやっと入国審査場にたどり着く。荷物検査はフリーパスのようなもの。世話になった日本人旅行者の旅の安全を祈りつつ、ここでお別れである。外に出るとクリュコフが待っている。いよいよ本番が始まる。

駐車場はさほど遠くなく、階段も少なかった。荷物の半分をクリュコフに持ってもらえたので腰痛が本格化することは回避できた。彼の車は一昔前のトヨタのカリブである。サハリンと同様、沿海州でも日本の中古車のファンは多い。クリュコフの自宅に向かう前に、ウラジオストクの中心部を一回りしてくれた。長崎のように坂の多い港町であるが、ここは商業港ではなく軍港であるところが違う。ソ連時代には外国人の訪問が制限されていた。港に係留している船の多くは太平洋艦隊のものである。中心部が面として広がっているわけではなく、ウナギのようにニョロニョロと帯状に伸びている。海沿いに、そして坂を越えて街が広がっている。

彼の自宅は郊外のアカデミーチェスカヤ（学術都市）の中にある。丘の上の中層住宅の六階で、夫婦二人住まいには十分な広さがある。バルコニーからの眺めは素晴らしい。ピョートル大帝湾が拡がり、海岸沿いにシベリア鉄道の線路が北に延びている。朝方は半分曇りという程度だったけれど、ここに着いた時にはすっかり晴れあがって初夏の趣であった。クリュコフのパートナーは化学の研究者で同じ学術都市で仕事をしている。今日は休日なので、昼食を料理してもらえた。デザートにはチョコレート・ブラウニーも出てくる。共働きが普通のロシアではパートナーが自然であり、「奥様」という語感はしっくりしない。食後は散歩がてら、ひと山越えて二泊する予定の宿に向かう。初夏の日ざしが心地よく、空気が爽やかな森の中の散歩道である。予約してくれたホテルへ行って、手続きをしてから部屋を見る。パートナーが手際よく部屋を点検して、部屋付きの冷蔵庫が動かないのを見つけてフロントにクレームを入れてくれる。台車に載せて代わりのを持ってくるのかと思いきや、大柄で筋骨隆々の若者が軽々と背負って持ってくる。パワーが一段階違うようである。そういえば、ロシアのトイレの扉は日本人には魔物に変わることがあると武田百合子の『犬が星見た——ロシア旅行』にあったけれど、ロシア人の行動規則とパワーがあれば何でもないのだ。

出発準備で東奔西走（二〇〇九／五／二十五）

腰の痛みは徐々に軽くなっているが、寝返りを打つ時には慎重に手足を踏ん張ってゆっくりと動く。腰痛とは長い付き合いで、不注意な寝返りを打って心臓が止まるくらいの激痛に襲われた記憶がよみがえる。

二日目はクリュコフと一緒に東奔西走の一日となった。車のレンタル交渉に二度ほど修理工場のようなところに出かける。貸し出しの責任者が日本嫌いだそうなので同行せず、車内後部席に潜んで待つ。どこの国にも特定の隣国を毛嫌いする人間が、少なからずいるものである。不幸な日本との関わりがあったのかもしれない。市内の銀行に行ってドルをルーブルに両替する。奇妙なことだが、日本円をロシアに持ち込んでルーブルに替えたら一段階、日本でドルに替えてからロシアに持ち込んでルーブルに替えたら二段階の両替になる。普通なら両替のたびに手数料が取られるわけだから、一段階で済ませるものである。しかし、ロシアではそうならない。ドルを持ち込んでルーブルに替えたほうが得なのだ。

次に、研究所の事務関係を仕切っている女性が同行して、郵便局で登録を済ませる。日本の郵便局も民営化で変わったけれど、外国人の滞在登録をやるようにはならないだろう。郵便局では食品・雑貨を手広く扱っていた。一時代前のポラロイド社のインスタントカメラまであった。開拓地の郵便局は「よろずや」として多機能体であるほうがいいのだ。このあとは研究所に戻ってクリュコフが保管していたカラスの頭の提供を受ける。DNA試料を採取してから、水に浸して放置する。採集旅行から戻った頃には、頭骨標本を作りやすいくらいに腐敗が進むだろう。宿に戻って荷物の整理をした。クリュコフ宅で預かってもらうものと、旅行に持ってゆくものを分ける。旅行の日程や捕獲目標、経費などについて最終的にクリュコフと詰める。結構忙しい一日となった。これほど次から次へと新しいことが続くと間違いや手抜かりが起きやすいものである。旅行に出発してから、そのようなことが幾つか露見することになる。

初めてのルシアンジープ（二〇〇九／五／二十六）

朝、クリュコフがホテルに迎えに来る。ダークグリーンのウァス（翼）という名前のヘビーデューティ・カーが駐車場に止まっている。本名よりも通称のルシアンジープのほうが通りがいい。

出発当日の朝になってクリュコフから面食らう予定変更が知らされる。沿海州の狩猟許可が下りないので、日程を四日ほど短縮したいという。それでは南部で目標達成が危ういことになる。いつ許可が下りるかあやふやなままでの出発となった。ドライバーは四十代の男でサングラスをかけ、チョビひげを蓄えている。一緒に仕事をするわけだから、まずは相手を尊敬することから始める。私の荷物を積み込んでから、研究所の倉庫に行ってクリュコフの資材を積み込む。彼のパートナーが見送りに来ている。半月以上のお別れである。次にハンターの家に寄る。銃と背嚢を持って乗り込んでくる。五十代の男で研究所の標本採集に度々協力しているようである。車内は人と荷物で満杯になって、これで採集旅行の開始となる。

走り出してすぐに、食糧のまとめ買いをする。次にしばらく走ってから、車を道端に止める。ポリタンクに水を詰めるのだという。道路脇に井戸があって、手動式のポンプで汲み上げる。公共の井戸で利用は無料である。さらに、北に向かって走り続ける。車両がかなり古いせいもあるのだろうが、加速性能が悪い。道幅が広く路面も良いので、日本の中古車にドンドン追い抜かれる。昼食は街道脇のレストランでとる。午後もひたすら北に向かって走り続ける。ハバロフスク地方に入らないことにはカラスの採集ができないのだから仕方がない。夕暮れが始まった頃に、大きな発電所に向かって街道から外れた。クリュコフの知り合いがいるチョウザメの養殖場は発電所と隣り合っていた。ここを見学してから、養殖場の関連施設らしい小さな別荘に行った。火力発電所が必要とする水を蓄えている人造湖の湖畔に別荘はあった。養殖場は発電所の排熱を利用しているのかもしれない。ペーチカに火をおこして夕食を料理する。陽が落ちて気温が急に下がってきたが、ペーチカのお蔭で屋内は快適である。よく眠れたし、腰痛のほうも沈静化してきた。

最初の猟（二〇〇九／五／二十七）

朝食は黒パン、インスタント・コーヒーそしてハムである。お湯を沸かすだけで済む。いざ出発というところでエンジンの調子が悪くなり、二十分ほど手間取る。嫌な前兆である。しかし、一昨年のサハリンで車の故障には何度も遭遇しているから楽観的に構えることができる。

街道に沿っての林相は貧弱で、中低木のシラカバが優占している。シラカバは野火などの跡に早々と進入してゆけるが、森が成熟してゆくと追い出されてしまう樹種である。要するに、人的または気候的攪乱が頻繁に起こり、極相まで進めない環境で主役を張っている。

車窓から、カササギの巣に似たヤドリギを度々見たが、カラスの巣は発見できない。繁殖期だから、雄が目立つ所に止まって存在を誇示していてもよさそうなものなのだが、そのようなカラスにも出会えない。日本の常識はサハリンでも大陸側でも通用しないようである。日本では巣と雄ガラスの「広告塔」がセットになっている。日本の場合営巣密度が高く、なわばり争いが熾烈なので広告塔活動が発達したのだろうか。これは研究課題になり得るテーマだが、私には取り組む余裕はないだろう。

ハバロフスク地方に入ってすぐにカラスの群れに遭遇する。ここで二羽採集できた。ハンターの腕前はサハリンのイリヤ・ボャルキン並みである。

ハバロフスク市では市街に入らずにバイパスを走行した。このあと、幹線道路はアムール川に沿って北に延びているのだが、それは地図上でのこと。少し離れているだけで、道路からアムール川が見えなくなるほど地形は平坦である。かなり北に進んだ後で東に曲がり、シホテアリニ山脈の北部を横断してソヴィエツカヤガヴァニに向かう。陽が傾いてきたので、街道からそれて野営地を捜すことになった。キャンプ設営の段になって装備の選択ミスに気付く。スクリーンテントを持ってきたけれど、必要だったのは二人用のテントだったのだ。仕方がないので、ハンターのテントに居候させてもらう。

食事の準備は奇妙だった。火を起こすくらいはドライバーやハンターも協力してもよさそうなものなのに、料理はもっぱらクリュコフがやっている。わしらは関係ないとタバコを吸って休憩しているか、周辺を徘徊して趣味のハンティングにいそしんでいる。彼らの割り切り方に違和感を持つ。しかし、「沈黙は金」という日露共通のことわざに従い、知らんふりをしている。彼らよりは協力的に行動するが、目立たないように気を遣う。

最初の野営は、曇天で放射冷却が弱かったせいで凌ぎやすかった。なんせ、サハリンで実証済みの強力なシェラフだから、雪が降っても耐えられそうである。

大陸側から望む間宮海峡（二〇〇九／五／二十八）

いよいよ、シホテアリニ越えである。この山脈の日本での知名度はゼロに近いが、世界自然遺産に登録された貴重な自然である。山域の広さは北海道が数個収まるほど雄大である。特筆すべきは、広大な山域を貫く道路が皆無に近いこと、ソヴィエツカヤガヴァニ、ハバロフスク、ウラジオストクなどの小数の都市が周縁に散在するだけで、山脈内には町や村は片手で数えることができるくらいに少ない。重量物や大型荷物は鉄道や海上輸送に頼っているのだろう。道は狭いところで一車線、もともと交通量が少ないから狭くてもどうということはない。心細いのは橋である。木製でよろけていて、応急修理が施されたままの状態のところもあった。行きは通れても、帰りも架かっている保証はない。

しかし、モスクワ中央は極東開発に本腰を入れ始めているようで、道中のところどころで大規模な道路工事に遭遇した。単なる拡幅でなしに、直線化も狙っている。工事による自然環境の破壊にどれほどの配慮がなされているかは疑問符がつく。サハリンで見たパイプライン建設と同様、荒業をやっているように見えた。面白いもので、工事現場周辺にはカラスの小さい群れが観察されたが、他の自然環境が豊かなところでは姿がない。工事関係者の宿舎から出るゴミに引き寄せられて集まるのだ。ある川沿いの工事現場で、カラスを一羽採集した。道路から三〇メートル以上離れた大木の枝に止まっていたのを、車内から小口径ライフルを使用して撃ち落とした。藪に落下したカラスをハンターは根気よく探して回収してきた。

シホテを横断するこの街道では、大規模な立ち枯れや山火事跡に度々出会った。極度の低温と乾燥さらに山火事で、すっかり枯れたカラマツの幹や焼け焦げた切り株がハリネズミの針のように突っ立っている。尾根筋などは森林限界で、中低木の森まで成長することは無理なのだろう。山火事の原因は自然発火が多いらしいが、ロシア人ドライバーの煙草のポイ捨ても無縁ではない。シホテの景観は私にとっては初めてで興味深い風景だけれど、ドライバーにとっては眠気を催すものとしか映らないのだろうか。眠気覚ましに、耳障りな大音量でガンガン音楽を流してくれる。「うるさい」と言いたくなるが、他の二人は平気なのか、我慢しているのか黙っていた。日本の演歌のようなジャンルだと思う。どれも似たような曲想で、初めは感傷的で弱々しくスローに、徐々にヒートアップして力強く展開し、最後は唐突に男性的なエクスタシーで終わるパターンであった。異文化圏から来た人間が聴くから気づくのであって、小さい時からロシア演歌にドップリと漬かってきた者はその性的仕掛けのステレオタイプがわからない。

シホテアリニを越えてソヴィエツカヤガヴァニに近づくと道幅が広くなり、曲折がなくなる。長い緩やかな上り坂を上り詰めたところで、突然、はるか前方に海が見えた。間宮海峡が長い下り坂の彼方に拡がっている。「やったぜ」という高揚した気分、背筋がゾクゾクした。間宮海峡との初対面は二〇〇六年、西海岸のイリンスコエに達した時のことだ。二〇〇七年の全島採集では二〇〇キロ近く間宮海峡の海沿いを走った。両年とも、遥かかなたの大陸は水平線の向こう側、見ることはできなかった。二〇〇八年にイリヤに大陸側に渡ってのカラス採集を提案した。しかし、捕獲申請も移動手段の確保も困難で、計画は頓挫した。昨年まで、私が今いる大地は夢の世界だった。その大陸側の地に私はやって来た。まだ捕獲したカラスは三羽だけでも、イリンスコエの対岸にいるということだけで幸せだった。

ソヴィエツカヤガヴァニの手前で、キャンプ地を捜す。昨日に続いて野営である。長旅だったけれど、腰のほうは心配ない状態まで回復した。

バム鉄道の終着駅（二〇〇九／五／二十九）

シベリア鉄道の終着駅がウラジオストク（以前は少し東のナホトカ）なら、バム鉄道の終着駅はソヴィエツカヤガヴァニである。バム鉄道は第二シベリア鉄道とも呼ばれている。シベリア鉄道が満州やモンゴルに近すぎて関東軍に攻撃された時に持ちこたえるのが負担であると考えて、より内陸側に敷設したものである。間宮海峡に面したこの街はソ連の時代も、ロシア連邦になってからも極東の戦略的拠点であった。ここの港から、第二次大戦末期にソ連軍が大挙して南樺太に渡っていった。

街の南側で、三羽を捕獲する。北に転じる途中、街に立ち寄って、クリュコフは捕獲申請の手続きをした。私はスポーツ用品店に行って、激安の靴下四足を購入する。ウラジオストクを出発する時に何を間違えたか靴下を置いてきてしまったのだ。日本のように蒸し暑くないので数日穿いても臭くはないのだが、一足で三週間は耐えられないだろう。北隣の町ワニノを通り過ぎて更に北に行く。ここで二羽捕獲した。この日も野営となる。まだ蚊の大発生が始まっていない。野営の場所は、林内でなく草丈の低い草原だった。何やら軍に関係のあった施設の跡地らしい。建物の土台の一部や崩れた壁、星のマークがデンと上部中央にレリーフされた碑が残っている。ソ連軍の基地であったのは確実である。弾薬庫のような盛り土塚もある。ソ連崩壊から二十年が経過して、一面草原に変わっている。有難いことに細々ながら清水の湧き出る泉があった。カラスの死体の処理をする時、水があると仕事がはかどる。

周辺でカラスの声を聞く。なわばりがあるのかどうか確認するために首なし死体を草原に放置して寝た。

基地跡に連泊（二〇〇九／五／三十）

夜が白んできたころに周辺でハシブトガラスのけたたましい声が響く。首なし死体は目覚まし時計になった。やはり、このあたりになわばりがあって、首なし死体は異様な侵入者として攻撃されたのだ。昨日の夕方、野営地周辺で断続的に聞こえたハシブトガラスの声は、繁殖中の個体によるものだった。日本の場合、ハシブトガラスもハシボソガラスも繁殖期には頻繁に「広告塔行動」をとる。巣の近くの目立つ所に止まって存在を誇示するのである。ロシアの大陸側、沿海州に来て一週間になるが「広告塔行動」に出会ったことがない。この相違は生息環境の違いによるものだろうか。電柱の数が少ないとか、目立つ孤立木が少ないので広告行動を頻繁にとれないとか、繁殖密度が低いので広告塔行動をとる必要がないといった説明も可能である。しかし、それだけだろうか？

採集が軌道に乗って、午前中にハシブト五個体、ハシボソ一個体、ワタリガラス雌雄二個体を得る。採集したワタリガラスは、大柄のは雌、小柄のは雄だった。図鑑では雄が大きいということになっている。ワタリガラスの世界にも蚤の夫婦がいるのか？　この日は午後も、少数ながら成果が上がった。

軍用車両改造ホテル（二〇〇九／五／三十一）

首なし死体を晒すことをしなかったので、今朝は静かな朝になった。それにしてもモンベルの寝袋は凄い。パンツと半袖シャツで安眠できるのだ。遠くから列車の通過音が聞こえてくる。バム鉄道である。間宮海峡に面したソヴィエツカヤガヴァニやワニノに住む人たちにとってバム鉄道は頼もしい存在であろう。外の世界とつながるものは船舶、鉄道そして航空機である。私たちが通ってきた道路はあまりにも頼りない。バム鉄道の沿線住民にとって列車の音は騒音ではなく、子守唄なのだろう。船で同室だった演劇男が乗っているかもしれない。

少しばかり白んできた。通奏低音的に流れ始めたのは繁殖期の小鳥の囀りである。福井県織田山にある環境省の渡り鳥観測ステーションでは、秋の渡りの時に、北方で繁殖する小鳥たちの囀りを拡声器で流す。音声的ルアー（囮）である。紅葉の始まった山々を背景に、季節外れの繁殖期の囀りが山々にこだましていた。狂い咲きならぬ狂い鳴きを渡り途中の小鳥たちはどんな気持ちで聴いているのだろうか。繁殖地を後にして南方の避寒地に渡る途中である。婚活中の雄のセクシーコールを聞いた同種の鳥たちはどんな了見で誘き寄せられているのか。真偽がわからぬほどに鳥は愚かなのだろうか。それとも、どんな馬鹿が騒いでいるのか知りたいという好奇心が働くのだろうか。今聞いている囀りのいくつかは織田山で聞いたことがある。もちろん録音再生のルアーでなく、ほんまもんの小鳥たちが婚活でマジに囀っているのだ。自分がえらく遠いところに来ていることを実感させる小鳥たちの囀りだった。

この日の朝の猟でここでの採集は切り上げて、北方への移動が始まる。ソヴィエツカヤガヴァニからアムール川河口に直接移動する海沿いの道は存在しない。間宮林蔵のように徒歩での探検ならば可能であろうが、車で行ける道はない。先ずはもと来た道を西に戻り、次にアムール川沿いに北上して、再び東進して河口を目指すのである。長方形の三辺を移動することになるので、シホテアリニ山脈を二回横断しなくてはならない。日本でいう過疎とは一ケタ違う過疎がここにはある。シホテアリニの山道を戻る前に、ワニノの北でハシブト三羽、ワタリガラス二羽を採集する。

山道に入ってから二回、車の具合が思わしくなくて合計一時間半を空費する。二回目は四車線以上の道幅のあるダートの路肩にとめて、ジャッキアップしての修理となった。シホテアリニの真ん中で、行き交う車など一台もなかった。それなのに道は広々としている。柄の大きな見るからに野良犬という風情の輩が近寄ってきて、少し離れたところで様子をうかがっている。近くに道路工事事務所があり、こんなところだから関係者の宿舎もあるのだろう。当然のこと、生ゴミが出る。カラスの声は聞こえなかったけれど、カラスもいるはずである。飯場のゴミ捨て場はカラスや野良犬にとって格好の餌場なのだ。オオカミが人間に寄り添ってイヌに変わっていった過程と似たものを見ている気分である。そういえばミトコンドリアＤＮＡによるイヌ科の系統解析の結果によると、オオカミの一系統からイヌが派生したのは最終氷期のことで、場所はここから近い東部シベリアからモンゴルの地域だと想定されている。

カラスにしても人類が更新世末期に東アジアに進出してきたとき、生活スタイルが激変したはずである。縄文人に相性が良かったのは森林系のハシブトガラスであろう。狩猟採集だけでなく、集落周辺にクリ、トチ、カシを植えて木の実を計画的に採集していた。かなりの規模の集落を形成していたから、少なからずゴミも出る。ハシブトガラスは新しい安定した餌資源を手に入れたのだろう。神武東征のおり、近畿侵攻のお先棒を担いだ熊野の部族はトーテムにハシブトガラスを使っている。縄文系なのだろう。縄文人より一万年以上遅れて日本列島にやって来て、農耕文化を広めたのが弥生人である。森林を破壊して農耕地に変えたのは草原系のハシボソガラスにとっては有難いことだった。それまで無かった水田という開けた生態系は、落穂ひろいや餌になる昆虫類の採取に申し分なかった。開けた空間での採餌と繁殖に長けたハシボソガラスは弥生時代以降、ハシブトガラスよりも有利な立場に立ったことだろう。たかだか数万年という短い時間の間に、日本列島に生息するカラスは過去になかった激変を経験したはずである。

寄ってきた犬たちは何ももらえないものだから、十分もすると事務所の方に去って行った。修理はいつ終わるのか見当もつかない。しかし、クリュコフもハンターも心配しない。天候が下り坂で、雨になりそうである。ロシア人はこうした逆境に日本人よりも耐性が高いのかもしれない。一時間ほどしてドライバーは修理を切り上げる。

走り始めてすぐに広々とした直線道路は終わり、二車線の曲がりくねった道に戻る。まだ日没には余裕があっても、雨になりそうな山中でのこと。夜露ばかりか雨風をしのげる場所を心配しなくてはならない局面である。街道から少しそれたところに小さな製材所がある。訪ねてみることにした。幸運なことに、払下げの軍用車両があった。改装されて、寝床やペーチカ、そして裸電球もついている。結構快適で非常時のホテルとしては申し分ない作りだった。しかも、格安である。軍用車両ではあったけれど、タイヤはとうの昔にパンクしている。傾かないように材木のブロックが差し込まれて、平衡と安定を保っていた。

強いられた安息日（二〇〇九／六／一）

昨日の夕刻より雨が降り続いている。強い吹き降りの時もあるし、小雨になる時もある。ここに連泊するしかない。強いられての安息日となった。ドライバーは小雨の時にパンクしたタイヤを修理している。クリュコフは仮剝製づくりを始めた。軍用車両内では狭いし、臭いがこもるからカラスの解体などできない。けれど、すぐ近くにサウナ小屋があった。数時間かけて仮剝製を作った後で時間潰しにサウナ風呂を準備する。製材所だから、燃料の薪はいくらでもある。大変なのはバケツで水を汲んでくることだった。サウナといっても日本の温泉などにあるものとは違って至って簡単である。コンクリートのたたきと、水桶と湯沸し窯があるだけ。それで十分に高温の蒸気が発生して、汗が噴き出してくるらしい。冷たい水を浴びればすっきりするという。

しかし、私は昨日あたりから腹具合がおかしい。サウナどころではなく、正露丸の世話になっている。昔は征露丸と書いた。ロシア革命への干渉戦争をイギリスなどに煽られて参戦した時のことである。日本兵は現地の水に馴染めずに下痢を起こすものが多かったという。このときに、正露丸は絶妙な薬効を発揮したという。ロシアのカラスを採集するためにはるばるやって来て、水あたりで苦しんで正露丸を飲んでいる。百年後の今も正露丸の威力は凄く、三回飲んだだけで完治した。

アムールトラの足跡に冷や汗（二〇〇九／六／二）

昨夜は夜半にトイレに一回出かけた。製材所に住みついている三匹の犬が吠えていたかどうか、記憶にはない。ここには掘立小屋のトイレは無く、「どこでもトイレ」である。ヘッドライトを頼りに足元を注意しながら、自己責任で場所を決めて用を足す。翌朝、散歩していると、ハンターが道路わきの地面を見ている。彼が指差すところにはうっすらと獣の足跡が見えた。「アムールトラの足跡だよ」という。大型犬の足跡より二廻りくらい大きい。息が止まり、冷や汗が滲んでくる。なんと、私が昨夜踏ん張っていた「どこでも」のすぐ近くではないか。用を足していた時に襲われていたら何たる悲劇。昨夜付いた足跡ではないと思いたい。後で聞いたところによると、製材所に居ついていた犬が忽然と姿を消すことは珍しくないという。

空は曇っていたが、雨は止んでいる。車はもと来た道を戻り、突当りの三叉路を右折して北に向かう。ハバロフスクとコムソモリスク＝ナ＝アムーレを結ぶ幹線道路である。北上の途中、右折すればアムール川の河口という分岐点を素通りする。アムール川河口へ行く前に、この地域の北端の町でカラスを採集することにした。

コムソモールという言葉を聞いたことがあるとか、懐かしさを感じるという人は年々少なくなってゆく。私が属する世代が最後になるだろう。ロシア革命の後、社会主義建設で活躍した全連邦レーニン共産主義青年同盟の短縮形がコムソモールである。戦略的に重要な地域の開発の起爆剤として、コムソモールの若者たちが辺境の地に動員され、都市が建設された。それらの都市名の先頭には、「コムソモリスク＝ナ」がつく。極東で日本軍によるウラジオストクやハバロフスクへの侵攻を経験したソ連は、ハバロフスクよりさらに北の地に拠点都市を建設する必要に迫られた。建設された都市が、アムール川流域なのを示すために「アムーレ」がつけられた。歴史の先頭を疾走していた若者たちの輝き、スターリンや党官僚による裏切り、コムソモールという言葉は二十世紀前半、ロシアの若者たちの希望と挫折、光と影を象徴している。コムソモリスク＝ナ＝アムーレはソ連時代も、ロシアになってからも航空機産業で栄えている。航空機産業というと聞こえはいいが、戦闘機スホイの生産が中心の軍事偏重都市である。

原野の真ん中を走ってゆくと、路肩にテント掛けの露店がある。魚屋さんであった。店番はおばちゃんが一人、浅黒い顔でモンゴロイド系の顔のつくりだ。台の上に置かれた魚、天井の梁棒からぶら下げられている魚はどれも干し魚や燻製魚で、バーチやマスなどの淡水魚である。アムール川でとれたものに違いない。生の魚が発泡スチロールの箱の中にうごめいていた。クリュコフたちは前にもこの店を利用しているらしい。よさそうなものを見繕って購入している。ちょいと脇を見ると、道路から少し下がったところに、小さな温室のような透明ビニールがけの小屋がある。中には数人の男がいる。おばちゃんの旦那とその友人たちだろう。女房は吹きさらしのところで店番をしているのに、親爺は暖かいフレームの中で無駄話をしながらウォッカを喰らっているのだろう。魚を獲るのと売るのと分業なのだろうか、それとも、店が強盗に遭わないようにとの用心棒役なのか。

食糧の買い足しを済ませてしばらく行くと、予想通りアムール川に出会った。アムール川にかかった長大な鉄橋を渡る。コムソモリスク＝ナ＝アムーレの街が見える。河口から四〇〇キロメートル以上も上流なのにこの川の雄大さ、水量も河川敷の広さも尋常ではない。もしも、日本軍が攻めあがってきたとしても、アムール川が天然の要害となって北側の街に攻め込むことはできなかったであろう。

目的地はこの街よりさらに北にあるので、街は素通りすることになる。日本の都市と変わらないゴミの少ない、落書きがほとんどない清潔な街である。しかし、極東ロシアの都市を見てきた私にとっては、異国にワープした錯覚に陥った。ゴミが散乱し、舗装道路に穴がボコボコ、スプレーの汚い落書きが空き家や廃工場などに書き散らかされているのを見慣れていたからである。この街は死の翼を世界に売りまくるスホイ社が支えている。経済がうまく回っているから市の税収が豊かで、ゴミ回収事業に資金を回すことができ、道路の補修もできるのだろうか。しかし、市の財政の豊かさだけではないと思う。経済的に堅調な西ヨーロッパでも落書きが多かった。経済だけではなく伝統もあるのかもしれない。青雲の志に燃えたコムソモールが建てた街ゆえに、コムソモール的規律が今も残っているのだろうか。

地図を見るとこの地域では最北端の町、ソルネチヌイが今日の目的地である。狩猟協会の地区責任者らしき人の事務所に立ち寄る。アムールトラの毛皮が広い壁面に張りつけられている。クリュコフは当地の現況を聞きだし、採集活動での便宜を取り付けようとしている。半時間ほどして用件が済んだ頃に、二十歳前後の若い男が二人やってくる。彼らの道案内で町の更に北に向かう。この二人はガソリンスタンドで給油した折にビールの二リットル瓶を買って、交互に水代わりに飲んでいる。飲酒運転という概念がないのだろうか。ウォッカに比べたら八分の一程度のアルコール濃度だから、ビールは酒ではないのかも。町はずれまでは二車線道路だったが、山の中に入るとすぐにゴロ石の転がる一車線の悪路に変わる。しばらく雨が降ってないのか、道が乾いているので難儀することはない。だいぶ登ったところで脇道にそれて、少し下ると山小屋がある。猟師小屋というべきか。ここが今日の宿舎である。あまり使われていないようだが、新しくかび臭くもない。小屋の使い勝手などを説明した後、若い衆二人は町に戻っていった。屈託のない明るさと親切心を持ち合わせたいい奴なのだが、一体全体何をして食っているのだろうか？　学生でも、会社員でも、失業者でもないらしい。

途中の山道でも、小屋の周辺でもカラスの気配がゼロというわけではなかった。しかし、地形も植生も捕獲するのには向いてなく、ここは一夜を過ごすだけの場所と割り切る。夕食はとびきり豪華で、街道脇の露店で買った魚を味わう。干し魚も燻製魚も酒によく合う。小屋の外のテーブルでの食事は開放感があって気分がいい。焚火の横にいれば、日が暮れても寒くはない。空は薄曇りで、雲間には星が煌めいている。風向きがうつろうと、煙がテーブルを襲うが眼に染みるほどのことはない。煙が蚊を追い払ってくれるので快適である。

怪しい宿泊施設（二〇〇九／六／三）

朝方、ハシブトガラスの声を聞いた。このあたりで繁殖しているのかどうか、判断できない。落葉低木に覆われた日本の里山風の丘陵地である。周辺に集落はなく、カラスの群れが行動するような環境ではないようだ。朝食前に半時間ほどハンターが探りを入れたが、手応えはなかった。ここでの採集は諦めてソルネチヌイに戻る。

この地域で一番有望そうな場所を訪れて一時間ほど潜伏して粘ったが、戦果はなかった。それではとさらに南下してコムソモリスク=ナ=アムーレとの境界を捜す。クリュコフはここでカラスを採集した経験があったが、その時に比べてカラスが極端に少ないと嘆いていた。鳥インフルエンザでカラスが大量にくたばったのだろうか？　日本では、数十羽の野鳥の死体が発見されたら大騒ぎになる。しかし、アムール川下流の過疎地では数千羽が死んでも気付かれないままで終わるだろう。それとも単にカラスの群れの行動域が今年は、または今週は変化しただけなのか？　遊動しているカラスは多くなかったが、二羽を捕獲できた。一羽、二羽でも、ゼロよりはましである。

この日の宿は前日の猟師小屋ではなかった。ソルネチヌイの北側の丘の上、白塗りの瀟洒な別荘風の建物だった。昨日会った人物がオーナーである。近づいてみると、そして建物内に入ってみると何やら凄いところらしい。敷地の境界がわからないくらい広く、立派なパラボラ・アンテナが建物から五〇メートルほど離れたところに立っている。玄関横には高いポールが設置され、ロシア国旗が翻っていた。感じの良い管理人と、純白の大型犬が出迎えてくれる。建物内には放送スタジオのような部屋、研修生の宿泊用のような二段ベッドの並ぶ大部屋、二〇人くらいは利用できそうな食堂のスペースなど、驚くばかりである。この日はわれわれの他に宿泊者はいなかった。

建物周辺を探索する。この建物は何のために建てたのだろうか。きれいに手入れされたサモエドらしき大型犬は富裕なオーナーの所有で、管理人に飼育を任せているのだろう。日没が近づいて、管理人がロシア国旗を降ろしている。昨日会った狩猟協会の地区責任者はただものではない。極東の辺鄙な町の顔役と仮定したら筋の通ったストーリーになる。何らかのしっかりした金蔓を握り、プーチンの翼賛的組織の幹部として政治的影響力を持ち、昨日会った若者のような子分をいざという時の実力行使部隊として擁している人物としたら、脈絡のついたお話になる。おとぎ話だろうか?

アムール河口の辺境の町、デ=カストリ（二〇〇九／六／四）

朝食をとって「別荘」を後にしたわれわれが、最初に向かったのは昨日の猟場だった。北辺の小さな町のわりには活況のあるゴミ処分場で、金属類のゴミを再回収する人たちが五、六人作業をしていた。昨日会った人たちと同じ顔ぶれらしい。再回収したゴミを一時的に集める場所には焚火がたかれ、野良犬らしき灰褐色の大型犬がまったりと寝そべっている。極東ロシアでは、リサイクラーと野良犬はどこでも仲良しである。この朝の成果は二羽。もっと採集数を伸ばしたいのだが、今日はアムール河口までの長旅が控えている。一時間足らずで、猟を切り上げる。

コムソモリスク=ナ=アムーレで銃砲店に立ち寄る。ハンターが用具の補充をするためである。街中を通過中にカラスには出会わなかったが、ドバトの群れには何度か遭遇した。

再び長い鉄橋を渡ってアムール川の右岸に戻り、少し走ってから東に曲がった。シホテアリニ山脈の最北部を横断する道路である。この道路の終着点がデ=カストリという港町で、ソヴィエツカヤガヴァニから海岸沿いに北へ直線距離なら二〇〇キロである。この巨大山脈の海岸線は千数百キロもあるのに町は六つしかなく、互いに数百キロ以上離れている。街をつなぐ道路は無い。シホテアリニ山脈も一番北側ともなると険しさは和らぐけれど、それでも難儀な道であることには変わりない。実際、走行中にタイヤがパンクという緊急事態が発生する。悪路が原因なのか、タイヤが古くてくたびれていたからなのか、多分どちらも正解なのだ。動けなくなった地点は全くの山中でなく、周辺に人家がまばらに散在していた。途方に暮れるという事態ではない。しかし、半時間近くうすら寒い車外で修理が終わるのを待たねばならない。一枚厚く着込んで、悠長に待つ。ドライバーは慣れたもので、焦りも動揺もなく淡々と作業をしている。しばらくして大型犬が近づいてくる。体毛は暗い灰黒色で、体重が三〇キロ以上はある。極東ロシアの田舎ではありふれた犬である。われわれを警戒して、なれなれしく近づいてくることはしない。だからといって攻撃的でもない。少し離れて、周辺をうろうろしていた。美味しいものを投げ与えてくれることを期待していたのだろう。しかし、小雨交じりの吹き晒しにたたずむ他所者たちは不愛想であった。暫くするとどこかに立ち去っていた。

デ=カストリに着いた時には日は暮れて少し薄暗くなっていた。一八九〇年にチェーホフはサハリン島に調査旅行をしている。モスクワを五月に発ち、馬車でシベリアを横断した。ハバロフスクからアムール川河口のニコラエフスクまではポンポン蒸気船を利用している。七月の初めにニコラエフスクから中型汽船に乗ってサハリンに向かう途中、デ=カストリに立ち寄った。その当時、この港は海峡がしけた時の避難港として重要だったらしい。百二十年後の現在、パイプラインが敷設され、サハリン原油がここを経由してハバロフスクに送られている。しかし、パイプラインは町の経済の活性化には貢献していない。パイプラインは高速道路以上に、地元住民には迷惑者らしい。原油が素通りするだけ、もしも素通りしないで滞れば大変、原油流出事故での環境汚染である。港は小さく、活気がなかった。

野営地を探すには到着が遅く、天候も頼りない。そこで、予約なしにこの町唯一のホテルを訪ねた。外壁のタイル模様が洒落ていて、観光旅行なら申し分なさそう。しかし、採集旅行のわれわれには宿代が高すぎて断念する。野営を覚悟の上で、飛び込みホームステイを試みた。二軒目の家で快く受け入れてもらえた。帰宅した家人が門扉を開けているところに出会い、頼み込んだ。このあたりでも家まわりは塀で囲っている。高齢の大きな番犬が飼われていた。人怖じしない猫が二匹いる。車を敷地内に入れるのに一苦労。段差があって、材木を捜してきて入り口にかませる。敷地内に駐車スペースはあるのだが、今は車を持っていないので空いていた。日本なら家の前に路上駐車したら済むのだが、ここは辺境の田舎町とはいえ、ロシアである。不用心なことはできない。二人家族でおばちゃんと息子一人なのだが、敷地内には家が二軒あった。空いている一軒を借り切る形になる。部屋が三つあり、家の真ん中にはペーチカがあって、暖房と調理に使える。水の使える台所もある。

吉凶相半ば（二〇〇九／六／五）

カラスの採集では大吉。朝の猟ではハシブト七羽にワタリガラス一羽、昼からも良好でハシブト五羽の収穫があり、死体の検分・測定・試料採取に大忙しとなる。サハリンの採集旅行でもそうだったけれど、不猟続きの後には捕獲数が急ピッチで伸びる時が来るものである。今、上げ潮に乗っているのだ。

体調は小凶。風邪気味である。朝の検温では三七度三分の微熱である。家にいる時ならば、この程度の体温での風邪薬使用はあり得ない。しかし、辺境の地で大事をとっておく必要から、用意してきた風邪薬の服用を始める。幸い、夜には平熱に戻っていた。

雇用関係が中凶ないしは大凶の気配。クリュコフからパンクの修理費を負担してくれ、ドライバーとハンターから手当増額の要求が出てきたので考えてほしいとの難題が提起された。出発前にどんな交渉をしたのか、クリュコフに一任しているから真相はわからない。想定より頑張って値引きを実現したようだったが、彼の交渉は詰めが甘かったらしい。研究所員とドライバーやハンターの間にどのような習慣法があるのかもわからない。それにしても、悩ましい問題である。二〇〇七年のサハリンでの採集旅行では、出発前に文書を取り交わしておいた。期間、採集目標、雑経費の分担などをはっきりさせて、報酬の中には目標達成に応じた出来高払い部分を設定しておいた。あの時はイリヤ・ボャルキンがドライバー、兼ハンター、兼コックをしてくれた。なかなかの人格者で、契約文書など不要なほどに信頼できる人物であった。しかし、今回の旅のドライバーやハンターは第一印象からしてイリヤとは別の人間らしかった。その不安が的中したままでのことで、動揺することはない。パンクの修理費自体は大した額ではないから快諾して良いが、エスカレートして高額な他の修理費を押し付けられてはたまらない。手当の増額も、最終目標との絡みで交渉しないと「やらず、ぼったくり」に遭う危険もある。クリュコフを困らせたくはないが、彼らの要求を自分一人で全部負担したら赤字になってしまう。採集旅行の後、五週間滞在するための資金を取り崩したくはない。難儀なことになった。

間宮海峡側の採集目標達成（二〇〇九／六／六）

デ＝カストリはカラスの姿も多いし、声もよく聞こえてくる町である。朝方の手空きの時間に周辺を歩いた。小高い丘の上の道からは港が見下ろせた。港の外は間宮海峡で、はるか先に樺太が見えた。なるほど、海の色が茶色っぽく濁っているようだ。アムール川からの濁った水と水深の浅さが原因らしい。十八世紀末から十九世紀中頃まで、樺太は大陸と陸続きの半島であると考えられてきた。フランスやロシアの海軍の艦船がこの海峡に進入したのだが、幅がだんだんと狭くなり、かつ水深がどんどん浅くなって座礁する危険があったので引き返したのである。彼らの記録によると、水深一〇メートルとか、七メートルとかいった数字が出てくる。遠洋航海が可能な大型艦船で乗り入れたのだから、引き返したのは賢明だったが、どんどん浅くなってゆく先に地峡があると判断したのは軽率だった。間宮林蔵は測量目的で樺太に渡り、徒歩で島を縦断し、海峡を越えるのに先住民が使っていた小さな船を利用している。そして、一八〇八年に海峡の両側で測量をして、海峡の存在を明らかにした。ロシアのネヴェリスコイに先駆けること四十一年という快挙であった。

散歩から戻って、採集記録の整理をする。気分転換に犬のところに行って一緒にしゃがんでいると、おばちゃんが出てきて話しかけてくる。英語はさっぱり通じないので、ロシア語での会話となる。二年半ほどロシア人の講習を熱心に受けてきたので、大体は理解できる。微妙なニュアンスや混み入った話は全然だめなのだが。彼女はウクライナの出身だという。当然ながらソ連時代のウクライナに生まれ育ったのだ。娘がウクライナに嫁いでいるので、間もなくウクライナに移住する予定だという。二十歳の息子の仕事探しも、ここよりはウクライナのほうが有望だと言っていた。息子はプーチン賛美のTシャツを着ていた。もしも、母子がウクライナに移住していたら、住んでいるのはウクライナ東部に違いないし、紛争に遭遇した息子は銃を取っていたかもしれない。ほとんどの日本人にとってはアムール川河口のデ=カストリも、ウクライナ東部も縁のない世界の果てである。しかし、カラスに関わったために、デ=カストリもウクライナ東部も私にとって無縁でない土地になった。カラスは私の世界を、私の意向とは無関係に拡大してくれる。

今日も順調に採集数が伸びた。朝の猟で七羽、昼からの猟で四羽である。ソヴィエツカヤガヴァニとその周辺、そしてデ=カストリ、間宮海峡側の二地区での合計採集数が目標に達した。採集数が多ければいいというものではなく、地域間のバランスも大切である。ここでの採集は今日で終わりにする。

修理代負担や手当増額の交渉はクリュコフを間に立てて進めることにし、直接交渉はしない。ドライバーやハンターとはこれまでと同じように接してゆく。相互に尊敬し信頼しようという非言語的メッセージを送り続ける。修理代についてはパンクに限って、支払うことを受け入れた。

この日の夕方、面白いことがあった。ベランダで死体処理をしていた時に、ピンセットを落としてしまった。床が簀の子状なので隙間からさらに下の地面まで転がり落ちた。床下は犬が入り込まないように塞がれている。それを見たハンターは釘止めしてある横板をバールで剝がして、落ちていたピンセットを回収してくれた。親切に感謝するとともに、問題解決のスタイルの違いに驚く。ピンセット回収のために、私は火バサミとか細長い棒を捜し始めていた。挟んでつまみ上げるか、棒でつついて外に寄せるといった非破壊的手法である。ところが彼はいきなり破壊的手法を行使した。パワフルでストレートな解決法である。こうした発想は今回同行しているハンターの専売特許ではなかった。二〇〇六年にサハリンに予備調査に出かけた折に、ハシボソガラスの巣を発見した。樹下から巣を見上げているとイリヤが「のこぎりで伐り倒そうか」と言ったのでびっくりした。私は木に登って巣を覗いてみようかと考えていただけだった。今回のピンセット回収劇といい、営巣木切り倒し提案といい、日本人とロシア人では発想が違うらしい。ということは、日本人だけで又はロシア人だけで一つの課題の解決方法を考えるよりも、日本人とロシア人が協力して考えた方が、選択肢の幅が広がるし、より良い解決策に辿りつける可能性が高くなるだろう。ただ一つ前提がある、互いが偏狭なナショナリズムを持っていないこと。

琥珀が転がる河原（二〇〇九／六／七）

デ=カストリには三連泊した。ここから少し北に行けば、間宮海峡の最狭部にアムール川が注いでいる。ユーラシア大陸の東端、行き止まりの辺境に作られた町である。私にとっては最初で最後の訪問地になるだろう。採集成績は良好だったし、ホームステイは快適であった。家主とロシア語で少しはこみいった会話もできた。飼い犬も飼い猫もなついてくれた。良い事ばかりではなく、ドライバーやハンターがゴネ始めるという面倒がうごめき出した。

それはともかく、採集旅行は別の段階に移る。次の舞台はシホテアリニ山脈の西側、内陸部である。われわれはもと来た道を戻り始める。来るときは小雨交じりの不機嫌な曇り空で、薄ら寒く風も強かった。修理中、車外に出てガタガタ震えながら修理が終わるのを待っていた。今日は一転して、朝から快晴に近い。昼前には入道雲も湧き上がってくる。空気は乾いていて、日向では半袖シャツで十分という北国の夏の陽気である。間宮側での捕獲目標が達成できているし、車は今のところは順調に走っている。シホテアリニ山脈の北端を横断しているので周辺に高い山はないし、高い建物もないので地平線近くまで空が広がっている。計算してみると大阪の街中で見る空の一〇倍以上も広い空を見ている。雲の姿もとても多彩で、しかも圧倒的な存在感がある。地際から天頂まで、広い広い空に、入道雲が、あちらにもこちらにも湧き上がってくる。

デ＝カストリからのシホテ横断の山道が終わり幹線道路に突き当たると、われわれは左折して南に下る。ハバロフスクに向かう街道である。二カ所で採集を試みるために支道にそれた。そのたびに僅かであるが採集物を増やしていった。三度目にダダのあたりで街道からそれ、細い道を分け入って西進すると間もなくアムール川にぶつかった。河口から七〇〇キロも上流なのだが、呆れるくらいに広い川幅である。初め向こう岸と思ったのは中洲であった。周辺の地形がとても緩やかなので、水深は無茶苦茶深いということはあるまい。悠然とした流れはよく見ないと、どちらに向かっているのかわからない。ここは内陸であるので、初夏の気温はデ＝カストリより高いようである。ここでは蚊が大発生しそうな兆しがあった。砂利と砂の混じった河原には琥珀が転がっている。一生懸命になって探しまくったら指輪になりそうな大きなやつが見つかりそうである。ネックレスが作れるくらいの数を集めるのも難しくはない。しかし、残念なことに私には優先すべき仕事がある。生首洗いだ。密閉性の容器に納めてあっても、腐敗が進むと車内に臭いが漏れ出てくる。ロマンティックな夕闇迫るアムール川の河畔で、私がやっているのは場違いにして無粋であった。しかも、蚊の襲撃を受けながらの仕事である。流木はいっぱいあるから焚火は簡単であった。焚火の火力で夕食を作り、蚊燻しに煙も使う。今夜は河畔での幕営となる。

極東でユダヤ？（二〇〇九／六／八）

テントの中に侵入した蚊に眼の上を刺された。朝起きたら、ビックリお岩に変身である。右目の上が異様に膨れあがり、お化け屋敷のアルバイトにメークなしで出演できそうな容貌に変わっていた。それだけでは済まなかった。朝の草むらでのエントロピー排出の時に蚊の襲撃を受けて尻が二カ所膨れた。雄大なアムールの流れを眺めながらの爽やかな「お仕事」だったのに、素晴らしい景観との引き換えは猛烈な痒みであった。

この周辺での採集数は二羽だけ。見込みが暗いので、南下してハバロフスクに至り、ここで西に曲がる。シベリア鉄道に並進してひたすら西へ走る。何故だろう、鉄道の架線支持柱がアップライトに並んでいないように見える。自分の眼を疑ったが、そうではない。鉛直方向から少しばかりズレている柱が少なくないのだ。寒暖の差が大きく、凍結も毎度のことだから鉛直に設置しても傾いてしまうのだろう。作業員がウォッカを飲み過ぎて酩酊状態で作業したからではあるまい。傾きについての許容限界が緩く設定されているのだろう。

暫く西に走っていたが、モスクワに至る幹線道路M60から左にそれてルシアンジープはびっくりするような地域に突入する。入り口に白亜の巨大な記念碑が立っていた。左右対称形であるが、右側にはロシア語、左側には見たこともない文字が記されていた。クリュコフに聞くと、ここはユダヤ自治州の入り口なのだとの答え。

「何でロシア極東の地にユダヤなんだ」と驚くのはスターリンを知らない日本人が発する疑問である。スターリンはユダヤ人が嫌いだったらしい。ヒトラーよりもユダヤ人が嫌いだったのかもしれない。ユダヤ人だったスターリンの反対者、トロツキーはヨーロッパを転々とした後、暗殺を恐れてメキシコに亡命した。しかし、独裁者は執拗で、現地人を刺客に仕立ててトロツキーの頭にピッケルを叩き込んだ。ユダヤ人への猜疑心からウラルの西（ヨーロッパ）に住むユダヤ人をすべて所払いしようとした。シベリアの果てのアムール川とウスリー川の合流域に追放地として「ユダヤ自治州」を用意したのである。この試みは最初からうまくは行かなかったようで、すべてのユダヤ人をここに集めることはできなかった。スターリンが死んで半世紀たった今は、ユダヤ人の数は昔のように多くはないらしい。

州都のビロビジャンに入り、クリュコフは捕獲許可申請で奔走する。一段落した後は、ユダヤ自治州ロシア科学アカデミー・コンプレックスの所長との面会となる。彼の好意で別宅に宿泊できることになった。街中の綺麗に手入れされた集合住宅の一区画であった。

奇怪な行動を目撃した。所長より先に宿泊先に到着して、部屋の掃除をしていた時のことである。ハンターがトイレの便器の水で雑巾を濯いだのである。所長が来てからのドライバーとハンターの緊張して畏まった振る舞いからして、悪意であったとは思えない。ビデを雑巾バケツ代わりに使う日本人学生がパリにはいるそうだから、その発展形かもしれない。

この日の夜。手当の増額問題についてクリュコフと話し合う。当初の予算内の限度までは負担するけれど、それを超える部分は負担できないと回答する。また、絶対譲れない線としてシホテアリニ山脈西側のユダヤ自治州で二〇羽、ウラジオストク周辺で二〇羽を主張した。ともかく、ユダヤ自治州で目標を達成するのが当面の最優先課題である。

ユダヤ自治州の南縁にて（二〇〇九／六／九）

翌朝、ビロビジャンを後にして、アムール川（中国では黒竜江）近くへ移動する。レニンスコエ近くの小さな村の若夫婦宅に厄介になる。昨日は移動日のようなもので戦果がないのは仕方がない。しかし、ビロビジャンからここまでの道中もカラスの影がなく見込みは暗い。急いで処理しなければならない死体がないので、ハンターやクリュコフの採集行動に同行する。ゆるやかな起伏の平野部に広々とした農耕地が展開している。雑木の寄り集まった林地が散在していた。数カ所でカラスの姿を認め、車を止めて二人は銃を持って林地に向かう。狭い車内でドライバーと一緒にいても面白くない。タバコ臭いし、手当増額をめぐって密かな緊張がある。クリュコフが間に入っているので、私はハンターともドライバーとも一切増額については話さない。知らんふりを決め込んでいる。そうはいってもお互いに胸に一物抱えているわけだから離れている方が気楽だ。車外に出て散策する。

散策といっても道路が一本農耕地を貫いているだけだ。右も左も農耕地が広がっているが、農作業している者の姿はない。取柄といえば二車線ほどの地方道なのに、この周辺だけは両側に街路樹が植栽されていること。直線道路の果てまで続く並木は美しく、遠近法の練習にはおあつらえ向きの画題である。アムール川に近いはずだが、南方を眺めてもその気配はない。当たり前である。地形は極めてのっぺらぼうなのだ。ゆるやかに流れるアムール川が一キロ先を流れているとしても、この平坦な農耕地からは逆立ちしても見えはしない。

夕方の採集まで休憩ということでホームステイ宅に戻った。昼の作戦は収穫ゼロであった。こんなに猟の不振が続くと少し焦りが出てくる。夕方の採集には同行しない。これまでに採集したカラスの頭部にクリーニング作業の下準備を施す。いい具合に家人は不在である。組立テーブルを玄関横に設置して道具を拡げる。家から三〇メートル離れた村の大通りに公共の水汲み場があった。標本作業のために、たびたび水汲みに通った。ガチャガチャと梃子を上げ下げして数メートル下から水を汲み上げる。汲み上げるのは簡単でも、家まで運ぶのは楽ではない。それにしても収穫が無ければ無いで、やることはいくらでもある。

夕刻の作戦も成果は無かった。暗くなって奥さんは戻って来たが、旦那の方は夜勤なのか戻ってこない。戻って来たのは翌朝であった。なにを生業にしているのかわからない。クリュコフが言うには、旦那は野生生物保護のレンジャーだという。しかし、居間には書籍など見当たらないし、書斎があるようでもない。レンジャーといっても研究者系ではなく、ハンター系なのだろうか。泊りがけで外に出たりする不規則な生活である。

この家にはダルメシアンとラブラドール・レトリバーの混血犬がいた。腹這いにうずくまっている限りは全身が黒褐色のラブラドールなのだが、お座りをすると胸の部分の白地に黒褐色斑のダルメシアン柄が現れ、ベストを着ているように見える。四〇キロをゆうに超える大きな体が玄関口でうずくまって、初対面の来訪者を上目遣いに見上げている。性格がわからないので緊張したが、若い犬ですぐに仲良しになれた。猟犬には不向きなくらい人馴れしていて甘ったれだった。

親分子分の関係（二〇〇九／六／十）

この日の朝方、四十代見当の男一人と若い二人の三人組がやって来た。カラスの捕獲に役立ちそうな情報を提供してくれるらしい。旦那が連絡を取ったのだ。玄関先に車を止めて、ボンネット上に地図を広げて三人組、旦那、クリュコフ、ハンターが話し合っている。彼らの会話を理解できるほどロシア語に習熟しているわけではない。ただ傍らで会話を見る。彼らのロシア語を理解しようとするよりも、非言語的メッセージを解読しようと注意深く観察した。

話し合いが終わって来客三人が帰ろうとする時に、頭の中で閃光が走った。過去の二つの経験と眼の前の三人がつながった。樺太のアニヴァ湾の猟師小屋で出会った三人組、ソルネチヌイの顔役と若衆二人などと同質の組み合わせではないか！　近頃の日本では見かけなくなったが、渡世人世界の親分子分の関係によく似ている。社会的経験を積んだ百戦錬磨の実力者が若いものを子分として受け入れて「教育」するのである。飯を食わせて小遣いもやる。実の父親よりも魅力と実力のある年長の男に付き従って修業してゆくなかで、若衆は男を磨く。年長の男は面倒を見てやり、仕事を手伝わせている。いざ鎌倉の時は戦闘力として動員する。子分は二人という決まりはないだろう。ソルネチヌイの親分などは沢山の子分を擁していそうだ。財力、実力のある親分の元に、より多くの若衆が集まるだろう。ここはユダヤ自治州の辺境だから大親分を張るには地勢的に無理かもしれない。ただし、アムール川で中国と接しているから、中国との密貿易で甘い汁を吸う機会はある。合法的な仕事もすれば非合法にも手を染めているかもしれない。シベリアには学校教育を十分に受けることができない階層の青少年は沢山いるだろうから、親分子分の関係は社会教育としての機能を果たしている可能性がある。善であれ悪であれ今そこに存在するものは、それなりの存在意義を持っている場合が多いものだ。

カラスの群れ情報を頼りに、自治州南部をしらみつぶしに探索した。見事なほどに群れに遭うことはなく、ハシブトガラスに関しては猟果ゼロの連続記録が更新された。二日間頑張って走り回ったのにゼロということは、地域に生息するハシブトガラスはとても少ないか、偏在しているということだ。へこたれてはならない。明日は別の地域で猟をしたらいい。天候は曇り続きで推移しており、雨にならないだけ良しとしよう。

ホームステイ先の奥さんは二十歳前後で顎の形に幼さの残るかわいい人であった。気さくというか無邪気というか、フィールドノートの余白を使い絵を描いたり、単語を書いたりのコミュニケーションを楽しんだ。左利きで書く文字はかなりの乱筆、義務教育を辛うじて済ませたような印象である。ロシアの義務教育予算は日本やアメリカ以上に少ないらしく、学校は午前と午後の二部制だという。過疎なシベリアの片田舎であるから、十分な教育を受けることができるのは限られた子どもたちだけなのだろう。

一昨日、そして昨日、周辺を走り回って採集に努力したが戦果ゼロだったので自治州南部は諦める。今日は州都で採集活動をすることにした。戦線変更は的中してハシブト八羽、ハシボソ一羽の戦果を挙げて夕刻戻ってきた。この日は深夜まで、死体処理に忙殺された。一個体あたり、四十分前後かかった。当然のことながら三連泊となる。

この家は開放的で、道路側に板塀はなかった。しかし、周辺はしっかりと囲いがあった。広い敷地内には野菜畑。デ＝カストリでは野菜畑がどこでもトイレだったが、ここには掘立小屋トイレがあった。それにしても厳冬期にはどうしているのだろうか。おまるを使うしかないのではと心配する。高血圧のお年寄りは、寒い夜中にブルブル震えながら掘立小屋まで行くだけでも危うい。ボットン便所の悪臭に耐えつつ力んだら、脳内の血管がどうなることか。

ビキンの鉄道員宿舎（二〇〇九／六／十二）

三連泊のホームステイを切り上げて移動を始める。ハバロフスクへの移動途中、州都のゴミ処理場に立ち寄る。規模が大きく、ゴミ収集車の出入りも多く、数台のブルドーザーが動き回っている。当然ながらリサイクラーもカラスも多い。数カ所で乾いたゴミに火が放たれて大きな煙柱が無風の空によろけながら立ち昇ってゆく。ここでの収穫はハシブト二羽とミヤマガラス一羽であった。

ユダヤ自治州での採集目標はやや物足りないが達成したことにして撤収となる。自治州入り口の記念碑で小休止する。左右対称形の記念碑の左側の碑文は見たことのない文字であるが、ヘブライ語にちがいない。地球儀かユーラシアの地図が手許にあるなら、ユダヤ自治州とイスラエルやモスクワがどれほど離れているか確かめてみるといい。第二次世界大戦前夜、ヨーロッパロシアから追放されたユダヤ人はどんな思いでシベリア鉄道に揺られて、この地の果てに向かったことだろう。シベリアへの懲役流刑と大差ない仕打ちであった。

更にもう一つ、現代史学習の施設に立ち寄る。ハバロフスクへの途中、道から少し外れる。日本軍に対する抗戦記念碑があった。こんなところにまで日本軍が侵攻していたことに驚く。ゲリラ的に戦った人たちの群像が大きな台座に乗っかっていた。ソ連の人々への思想教育の目的で作られているわけなので、彫像自体はステレオタイプで感動しない。それよりも大正時代の昔に、帝国日本が干渉戦争を仕掛けてこんな奥地にまで侵攻していたことにビックリした。こういうことを歴史の授業で教えてもらった記憶がない。時空的に隔たった（実生活には縁のない）古代エジプト・ギリシャ・ローマのことは教えてくれたのだが。

ハバロフスクへの道中で、ルシアンジープは再びトラブルを起こした。今度はオーバーヒートである。

度々のパンク、そしてミッションの不調。今度はオーバーヒートときた。ただ呆れかえるばかり。何度も小休止して、騙し騙ししながらハバロフスクに辿りつく。クリュコフが市の中心部に住む友人に渡すものがあるというので、市内に立ち寄る。バカでかい公園、それに面して建つこけおどしの巨大な建造物。スターリン様式の見本だ。雨が少ない季節なのか埃っぽく、街路樹は精彩を失って潤いがない。散歩したら咳きこみそうである。とある街角でクリュコフは車を降りて近くの建物に消えた。路側に車を一時停車させて待つ。この時だった、野良犬軍団がどこからともなく現れて、車の近くのゴミ集積所に寄ってひとしきり餌を漁った。美味しいものが無いようで、数分で立ち去っていった。大きな犬が徒党を組んで街角をうろついているのは異様である。野犬の捕獲に市予算をつぎ込む余裕がないのだろうか。

ハバロフスクを出て南に下る。陽が暮れてきたのでビキンという町で宿を探すことになった。鉄道員宿舎に空きがあって、幸運にも屋根の下で眠れることになる。駅舎の横に立っているので列車の通過音が室内にも伝わってくる。列車の本数は少なくて一時間に一本程度だから、ある列車の通過した後に眠りに就けば、次の列車が通過する頃には白河夜船で起こされることはない。しかし、妙に目が冴えて眠りにつけない。夜半に北に向かう列車がかなり長く停車したあと発車した。ナホトカからハバロフスクに向かう夜汽車に乗った三十六年前のソ連旅行を思い出す。ビキンという駅で停車した覚えがある。とても遠い過去のことなのに、昨日のように感じられるのが不思議だ。二十代の中頃に乗った夜汽車を、六十代初めの私は鉄道員宿舎のベッドで横になって見送っている。過去と現在が期せずしてつながったことに満足したらしい、この後は、深い眠りに落ちた。

ロシア版の道の駅（二〇〇九／六／十三）

ビキンを早朝に発ち、ウラジオストクに向かう。ただ帰り道を急ぐわけにはいかない。ハバロフスク地方での採集数を少しでも伸ばしたい。沿海州に近いところで五羽の収穫があった。さらにおまけがついて、幼鳥群とおぼしき群れに出会って三羽採集することができた。幼鳥三羽を捕獲したところでハバロフスク地方を越えて沿海州に入る。今回の採集旅行はこれでお終いである。何故なら沿海州の狩猟許可が出発時に届かなかったからだ。

往路に立ち寄ったチョウザメの養殖場を再訪する。私は車内でＤＮＡ試料の採取を優先させる。他の三人はチョウザメを分けてもらって家族への土産にしようとしている。今夜からホームステイが始まるけれど、お世話になる先がチョウザメを好むかどうか、体長が一メートルもあるような魚である。さばけるかどうかわからないので手土産にすることは差し控える。

この後さらに数時間南下したところで、道路わきの露店市に出会う。野菜、花、蜂蜜など、近在の住民が自前の生産物を持ち寄って、街道を往来する人たちに売っている。ロシア版の「道の駅」と思ったらいい。Ｍ60の道路は広く片側二車線、しかも路側帯が一車線以上あって広い。非常時には軍用機の滑走路に化けることが可能なくらいに広く直線的である。一〇〇メートル以上の長さで露店が並んでいる。蜂蜜と花粉玉を土産に購入する。花粉玉とはミツバチが雄蕊の花粉を足でかき集めてボール状にしたものである。健康食品として、高く評価されているらしい。肺がんの手術を受けて療養中の友人へ、お見舞いとして買い求めた。医学的に効果があるかどうかは知らない、しかし、贈る側が良いと信じて持って行けば、彼の免疫力を高めるかもしれない。

ウラジオストクに着いたのは夕暮れ時で、最初にハンターを自宅まで送る。次に研究所の倉庫に寄って資材を下ろす。生首の入った宝箱もここに下ろす。というのも、頭骨標本作りの作業場として、ここの倉庫の一室がクリュコフにより確保されていたからである。そのあと、クリュコフの自宅に寄って預けておいた荷物を積み込む。いよいよ、ホームステイ宅に向かう。スハノヴァ通りのリューダ宅に着いたのは午後九時を少し過ぎていて、夏至の頃とはいえ暗くなっていた。クリュコフが一階入り口のインターホンで到着を告げ、開錠してもらう。彼女の家は四階で、エレベーターがないので荷物は自力で持ち上げるしかない。しかし、研究所の倉庫に半分は置いてきたし、重たいスクリーンテントはクリュコフに贈呈したから、伏木港のような重労働ではなかった。4LDKの間取りに母と娘の二人家族が住んでいる。私が一部屋占領しても支障ない部屋数と広さである。荷物を手際よく片づけて、家主のリューダに挨拶をする。部屋のベッドはなじみのある幅の狭いタイプである。これから五週間寝起きするベッドに横になったのは十一時近くだった。

三週間以上を予定していたのに、四日短縮で採集旅行は終了となった。採集旅行は終わったけれど、沿海州の採集数はゼロである。捕獲許可が得られた段階で、周辺地域に採集に出なくてはならない。クリュコフには心当たりのある別のハンターがいるという。車は彼のトヨタ・カリブを使えばいいとのこと。しかし、標本作りにかかる時間を考えると、のんびり構えているわけにはいかない。沿海州での採集に際してハンターに払う金はどう負担するのか、この経費も考えなくてはならない。

一見さんお断りのホームステイ（二〇〇九／六／十四）

家主のリューダは法律家で以前は公務員、現在は海運会社で法律関連の業務をしている。転職の原因は、ソ連の崩壊とその後の経済的混乱である。有能な人材が国家機関から民間に、国内から海外に流失した。一人娘のマリーナは昨年、大学の建築学科を卒業して建築関係の会社に勤務している。母と娘はウラジオストクでは、比較的裕福な階層に属しているのだろう。離婚をきっかけにここに家を求め、改装して綺麗で快適な住まいに変えた。スハノヴァ通りはこの街のメインストリートであるスヴェトランスカヤ通りの一本北側を走り、交通の便が良い。買い物に便利でありながら閑静である。コンサートホール、デパート、ショッピング・モール、バスターミナル等が徒歩十分圏内にある。シベリア鉄道の始発駅と日本や韓国へのフェリーターミナルまで、徒歩で二十分とかからない。ダイニングの窓からは中庭の高木の梢が見える。カササギの巣が掛けられた木もある。そのはるか先には海が見える。このダイニングで、朝食と夕食をとる。リューダと一緒の時もあるし、ひとりで食べる時もある。飲み物やらお菓子やらは好きな時にとっていいことになっている。洗濯もやってもらえる。家主の優しさと心遣いはスタートの数日だけではなく、最後の日まで変わらなかった。旅行会社や語学学校紹介のホームステイの受け入れ先は、営利が優先する場合が多い。リューダの場合は違う、金銭は二次的で、文化的刺激または異文化との接触を大切にしている。「一見さんお断り」で、信頼できる友人から紹介・要請があった時だけ受け入れている。至れり尽くせりのホームステイ先に出会えたのはロシア語講師のお蔭である。

今日は日曜日、休養と調整の日とした。スヴェトランスカヤ通りに降りて行って海岸通りを散策し、文房具店に寄ってこの街の地図や小さなスパイラル・ノートなどを買い求める。部屋にはコンピュータがあって、Gメールでの送受信をマリーナに教えてもらった。早速、家族にメールを送信する。

初めてのご出勤（二〇〇九／六／十五）

今日から研究所に行って標本作製を行う。リューダがバスターミナルまで同行し、アカデミーチェスカヤのバス停を通る路線バスを教えてくれる。運転手に降車停留所を伝えてくれた。小学一年生の初めてのバス通学である。こうでもしてくれないと、目的地にストレートに到着できなかったかもしれない。バス車両はかなり古く、運転手は頻繁にクラクションを鳴らす。朝の通勤時間帯だからか、混み具合もすごい。運転席の近くに立って、運転手の合図を見逃すまい、停留所のアナウンスを聞き逃すまいと緊張している。そのせいか、目的の停留所までがずいぶん長く感じる。やっと、アカデミーチェスカヤのアナウンスを聴き取り、運転手の合図も確かめてバスを降りる。

バス停らしい体裁で、路側帯はバスが止まりやすいようにえぐられていて、小さな待合所もある。帰りのバスの時間を確かめようと待合所を調べたけれど、時刻表らしき掲示物はなかった。研究所には既に二回来ているので土地勘が少しは働く。降車した道はM60であり、研究所群に入る道もわかっている。日本なら研究所の配置を示す大きな看板が入り口に立っていて、敷地内の棟の配置が一目でわかるものである。構内の道の分岐点には小さな案内表示が設置されているのが当たり前。ところがここロシアではそうした案内標識が一切ない。最低限の親切さにも達していない新参者無視の世界、この非人情が面白かった。

M60の歩道橋を渡り北に少し行ったところで脇道に入れば、静かな森の中の未舗装の道に変わる。次の三叉路を右に進むと化学研究所である。ここでクリュコフのパートナーは研究をしている。研究所前を通り過ぎて少し行けば、土壌・生物研究所に至る。研究所の玄関横の壁面にはA3判ほどの標識プレートが埋め込まれているだけである。ここの四階にクリュコフの研究室がある。

先ずは彼の研究室を訪ねて、一緒に倉庫に向かう。標本作製に確保してくれた部屋は一〇畳くらいの広さの倉庫の一室で、窓際にテーブルと椅子がありソファも一つある。作業するには十分な広さがあり、隣の部屋には水洗バスもあるので、水にも困らない。サハリンの時の猟師小屋より作業環境が遥かに良い。あそこでは井戸から水を汲み上げて、五〇メートルの距離を運ばねばならなかった。ここの難点は二つあったのだがすぐに気づいたのは臭いである。隣室がネズミの飼育室で、かなり強い臭いが侵入してくる。数日もすれば馴れていくだろう。倉庫入り口の鍵とこの部屋の鍵は、出勤時にクリュコフの部屋から持ち出して、退出時に返却することになっている。この日は正体を見せなかったが、もう一つの難点は入り口の錠であった。

この特大の錠前、初日はクリュコフが開けてくれた。二日目と三日目は私一人での開錠だったが、少し手間取っただけ、数分で開けることができた。この錠はどうも情緒不安定であると思ってはいたが、四日目は最悪だった。二十分近くの格闘むなしく一向に開かない。クリュコフの部屋に戻って応援を求める。ネズミ飼育棟の責任者が出動すると、あっさりと錠は言うことを聞いた。ロシアの古い錠前には心が宿っているのか。長い付き合いのある奴とか意地悪したら錠前を潰しそうな奴が鍵を持って現れると、素直に言うことを聞くらしい。新米でやわな私は舐められたらしく、意地悪を仕掛けてきたのだろうか。これと対照的に、作業部屋の錠は初めから終わりまで実直だった。

倉庫は至って静かで、飼育員が各部屋の飼育箱の清掃と給餌をする時に人の気配があるだけだった。カラスと違ってネズミやウサギは静かな生き物である。研究所の玄関には昼だけオープンするお店があって、ベーコンとパンを買って作業場で昼食とした。初日の今日は、十時開始で四時終了の実労五時間であった。やや物足りないが、クリュコフの出退勤に合わせるとこうなる。それに、頭骨標本作りは時間のかかる仕事で、細く長くが肝要である。

三段階の作業

このあたりで標本作製作業の内情を紹介しておこう。作業は三段階からなっている。

第一段階は外科的な力わざで、頭部にある諸々の器官を取り外す作業である。頭を保護している頭皮は柔軟にして頑丈にできている。優れた視覚を鳥類に与えている大きな眼玉は、強力な膜や筋肉で眼窩に組み込まれている。力強く食物を取り込むための舌は筋肉の塊で、がっちりと咽喉奥に取り付けられている。生存に不可欠な器官ゆえに、膜やら筋肉やら腱で頑丈に組み込まれているから、これらを取り外すのは易しくない。このあと一週間以上、水に漬けて放置する。

第二段階は整形的な細かい作業である。軟らかくなった脳の掻き出し、頭骨にこびりついている膜、筋肉、腱の残りかすをこそぎ落とす。ピンセット、歯ブラシ、メスでの細かい作業で、指先の力と辛抱強さが要求される。このあと、三日以上は水に漬ける。

第三段階はエステティックで、白く輝く白骨になるための美容である。かすかに残る筋肉、腱、脳みそなどの残滓を完全に除去してから、乾燥させる。この後、アルコール殺菌して、ラベルを貼り、脱落骨片と共に脱臭剤を入れた袋に収めれば完成である。

沿海州でのカラス採集、目標達成

クリュコフが提示してきた追加支出の総額は二万二〇〇〇ルーブルというあきれた額だった。運転手に一万、ハンターに九〇〇〇、弾薬に三〇〇〇だという。日程を四日も短縮しているのに、沿海州の採集がゼロなのに、パンクや故障で迷惑をかけているのに、パンクの修理費は支払い済みなのに、どうして割増し払いになるのか？　こんな場合は、払い戻してくれるのが日本の常識なのだが。

クリュコフが半分まで負担しようというが、すぐには合意しなかった。提案は週末によく検討して、週明けに回答すると伝える。一万一〇〇〇ルーブルも追加で取られたら、沿海州での二〇個体採集の経費が負担できないではないか。あと四週間もウラジオストクに滞在しなくてはならないが、ギリギリ切り詰めてもお金が持つかどうかわからない。

週明けの月曜日、割増し払い半額負担案の受諾をクリュコフに伝える。しかし、それにより予備枠は使い果たすことになるので、沿海州での二〇個体採集への支出はできないことを了解してもらう。支払いも今日ではなく、予算執行の大半が終わる帰国直前とした。予期せぬ出費が発生した時に融通が利くようにという予防線である。

明日、沿海州での追加採集をしようとクリュコフが提案してきた。彼も少し焦っているようだった。予定していたハンターと連絡が取れないのだ。

参加できない場合に備えて、研究所の大御所ネチャエフに応援を頼むという。丁度いい機会なので、表敬訪問に二四六号室を訪ねた。私より一回り以上年上の感じである。英語はほとんど話さないので、ロシア語教室で学んだすべてを動員して会話を試みた。彼には偉ぶったところが微塵もなく、気さくで友好的であった。彼の心髄はフィールドナチュラリスト、野外調査が好きでロシア極東のほとんどの地域を踏破し、鳥類を観察し採集してきた。フィールド調査を成功させるためには当該地方の人々から協力を引き出すことが欠かせない。軽薄が透けて見えるセールスマン的な社交性とは別物の、人柄の良さに由来する親しみやすさが彼にはあった。部屋を辞する時、著書を二冊頂きサインもしてもらう。明日の採集への協力も快諾してくれた。

彼の著書『サハリンの鳥類』は藤巻裕蔵により和訳されている。この書が私を樺太(サハリン)に駆り立てた。ハシブトガラスの交雑帯があるだろうという予想が書かれてあった。この予言は二〇〇九年のこの段階では大いに疑わしいものに変わっていた。この書には樺太のハシブトガラス二亜種の生態を詳しく記述した部分があったが、当時はその重要性に気づかなかった。この記述が燦然と輝くことになるのは二〇一一年春の事である。

翌朝、クリュコフがカリブを運転してスハノヴァ通りまで迎えに来た。採集したカラスを一時的に処置する用具だけ持って車に乗る。予定していたハンターとは連絡が取れないとのことで、銃を撃つのはクリュコフとネチャエフの二人である。果たして目標を達成できるのだろうか、とても心細い。ネチャエフはM60の始点近くのバス停で待っていた。

われわれが向かったのはウラジオストクの北隣、アルチョームだった。日本から航空機で来た時に着陸するウラジオストク空港はアルチョームにある。右折したら空港という標識を横目にM60を更に北に向かう。カラスの姿がちらほら見えるようになった頃、脇道に入る。最初に向かったところは彼らが以前にカラスを採集したところだったが、姿が少ない。コムソモリスク=ナ=アムーレでも経験したことで、カラスの生息数や行動域は年と共に大きく変わる。地元の人から情報を聞き出して、別の場所に向かった。

今度はうまくいきそうな猟場に見えた。ここでの採集は午前と午後の二回、合計五時間少々。集まっている数からしたら、カモメ類、カササギ、カラスの順になる。日本では佐賀と福岡の県境域にカササギが生息している。なぜかカササギそのものでなしに、カササギの生息地が天然記念物に指定されている。日本ではカササギのステイタスはとても高く、高貴な鳥である。沿海州のカササギがそのことを知ったらビックリ仰天するだろう。ここでの彼らの地位はドバトなみに低い、ゴミ漁り鳥である。昼食は少し離れたところに移動して、持ってきたものを分け合って食べる。ハンター役の二人にとって、いい休憩時間になった。

採集は午後に入っても堅調に推移した。最終的にハシブト二〇羽が捕獲できた。内訳は、クリュコフが一二羽でネチャエフが八羽であった。七十を超える高齢なのに大変な銃の腕前である。視力、体力、技術の三拍子が揃ってなかったら八羽もの猟果を上げることはできない。ここでの捕獲数が目標に届いたとき、喜びよりも安堵が優っていた。目標達成がずっと危ぶまれていたのだから。捕獲許可証発行の遅れ、採集旅行で予期せぬ割増し要求、予定していたハンターの不参加と次から次へのトラブル続きだった。

今朝、ウラジオストクを出発した時には今日一日で目標数達成は無理かもしれないと悲観的だった。それが、土壇場になって運が転がり込んできた。ウラジオストクへの帰路、じわじわと喜びが湧き上がってくるのを感じた。スハノヴァ通りに着いた時にはウィニンググランの気分に浸っていた。

朝、ダイニングに入るととてもいい香りがする。テーブルの上にライラックの花が飾られていた。窓の外を見ると、昨日に続いて今日も好天のようである。真夏がやって来たのだろうか。研究所に出かける前に、マリーナに重曹を分けてもらう。白骨化作業を早く進めるための秘薬なのだ。クリュコフの部屋に鍵を取りに寄ったついでに、鍋と電熱器を借り出した。これで頭骨の入浴準備が整った。第一段階終了後は水風呂に一週間程度入れるのが基本だけれど、時間を短縮するためにソーダ浴に半日ほど入ってもらうのだ。骨に付着している腱や筋肉や膜が湯煎により早くふやけてくれる。沿海州で採集されたカラスのクリーニング作業は他に比べて十日間以上も遅れてスタートしているので、秘薬の湯に頼るしかない。

鍋に水を入れて重曹を振り込み、電熱器で加熱する。人肌程度になったら頭骨を入れて、半日間の入浴である。サーモスタットなどついてないから、湯加減の調節に神経を使う。沸騰は厳禁なのだ。鍋の温度調節に専念できたら楽なのだが、同時並行で別のクリーニング作業をせざるをえない。温度調節に専念できないので、ついつい高すぎる湯加減に振れてしまい冷や汗をかいた。沸騰した湯に長く浸けたら、完成品の仕上がりや耐久性に影響するからである。

ポクロフスキー公園で職務質問

火曜日に沿海州のカラスを採集して以来、水木金の三日連続、第一段階の作業に集中してきた。更に、並行して薬湯に浸ける作業もしている。着実に作業開始の遅れを挽回しつつある。

金曜日の午後、クリュコフが倉庫に様子を見に来た時に、二〇個の胴体の処分を相談する。採集旅行中は、草原の花がきれいに咲いているところを選んで放置してきた。昆虫、獣、細菌類により自然に早く戻れるように地上に置いた。しかし、ここは研究所の構内である。雑草の生える空き地に放置するわけにはいかない。われわれはシャベル二つと二つのゴミ袋を持って山林に分け入った。沢筋は避けて穴を掘る。ゴロ石と木の根が邪魔して、直径一メートル、深さ一メートルの穴を掘るのは思いの外の重労働だった。二〇個の胴体を穴底に安置してから埋め戻す。

私にとってはこの行為はお葬式である。しかし、ロシア正教の文化圏で育ったクリュコフにとっては廃棄物の埋設処分にすぎなかったのだろうか。北辺の野に咲く花、その根元にそっと胴体を置いてくることに慣れていたので、木々が密閉したこの山林の墓所は重苦しく気が塞ぐ。しかし、晴れて爽やかな風の渡る野辺であれ、鬱閉して蟬時雨のこだまする沢筋の林床であれカラスの肉体の一体性が完全に失われている事実には変わりない。胴体は生活していたロシアの地に葬られ、構成物質は解体し大地に還る。ところが胴体から切り離された首から上の骨だけは、半永久的に標本箱の中で形を留めることになる。カラスの心とか魂を傷つけているという感覚が疼き続ける。

翌日は土曜日だから、研究所はお休みで標本化の作業ができない。そこで帰宅時に一〇個のソーダ浴が済んでいる頭骨を持ち帰ってきた。手提げのバッグには、ピンセット、メス、大小のブラシなども入れてある。週末に少しでも作業をやって、遅れを取り戻すつもりである。しかし、リューダの家の中でやれるような作業ではない。第一段階終了時のカラスの頭は見るからに気持ちが悪く、少なからず鼻を刺激する臭気を発する。リューダの家から北に坂道をあがってゆくと十分でポクロフスキー公園につく。公園の南西隅に美しいロシア正教の大聖堂が立っている。そこの道ひとつ隔てて極東大学のキャンパスがある。公園はとても広い。散歩者の少ないところを探す。申し分ない脇道のベンチを発見して、標本屋さんの開店である。

古い公園のようで、樹齢百年を超える大木がそこかしこにそびえ立っている。ウラジオストクは間もなく開都百五十年を迎える。帝政ロシアが威信をかけて極東の戦略拠点として建設した都市がヴラージバストークである。ヴラージは征服とか支配を、バストークは東方を意味する。帝国主義的意図を露骨に表明した名称が与えられた。都市創立の頃に植えられて大木に育った樹木を私は見ている。今日は夏日で、高い梢の隙間に青空がまぶしい。林内は涼しく、かすかに風があって快適である。木漏れ陽が心地よい。何よりもありがたいのは蚊の大発生前であること。蚊に煩わされることなく二時間ほど頭骨のクリーニング作業に専念できた。作業の終わりに、持ってきたペットボトルの水で手を洗う。このとき視線を感じてあたりを見回す。二〇メートルほど先のメインの散歩道から警官が二人、こちらを注視している。面倒なことにならなければいいのだが。不安がよぎる。

警官二人が近づいてきた。二人とも若く、一人は男でもう一人は女である。以前にも公園内をパトロールしているのを見たことがある。国境警備隊や公安警察ではない。日本でいえば交番のお巡りさんといった雰囲気である。目つきも悪くない。「おはよう、なにをしているのですか」と聞いてきた。私が外国人であることは一目でわかるし、ベンチの上の鮮やかなオレンジ色のバッグは誰でも目にとめるだろう。隠し立てすることは何もないので、挨拶してから説明する。パスポートの提示を求められたが、原本もコピーも持ち合わせてない。しかし、そのことで深く追及されることはなかった。彼ら二人の興味はバッグの中身に集中している。「中身を見せてくれませんか」ときた。こんな場面で断ったりためらったりするのは愚かである。快く応じ、バッグを開く。彼らが見たものは血まみれの筋肉の残滓が張り付いているカラスの生首であった。不快な臭いも漂ってくる。彼ら二人には刺激が強かったようで、「わかりました、もういいですよ、さようなら」と足早に立ち去っていった。

バッグの中身は、爽快な夏の朝のパトロールをぶち壊すような代物だった。意地悪な男二人組のパトロールだったら、もっと悪い展開になっていたかもしれない。「署まで同行してください」やら、因縁をつけて袖の下を要求されることだってありそうである。仲の良さそうな若い二人組、デート気分が漂っていたのは幸いであった。彼らが立ち去った後、あっさりとした幕切れに胸をなでおろす。昨日、カラスたちのお葬式をしておいた御利益だろうか。それはともかく、ロシア語を真剣に学習しておいて良かったと実感する。もし、ロシア語を話せなかったら彼ら二人の手にあまり、警察署に連れていかれたであろう。

アルセーニエフとデルス・ウザーラ

日曜日の午後、スヴェトランスカヤ通りの西の端にあるアルセーニエフ記念博物館を訪ねた。自然史博物館的な構想で設置されているようなのだが、展示の方法も表記も時代遅れだった。例えば、アムールトラとヒグマの闘争場面を演出した剝製の展示があった。二種は極東ロシアの生態系の最高位にいる捕食者ではあるけれど、闘争することなどありえない。しかし、大衆受けを狙った見世物として、プロレス風の格闘劇を演じさせていた。館内の説明表記はすべてロシア語である。外国人の訪問客を想定していないらしい。ロシアの博物館に見学に来るくらいの外国人なら英語が読めるだろうから、英語表記を添えるくらいの国際性が欲しい。まれに、ロシア語以外の説明表記が添えられていることがあった。何語かというとハングル語である。私が博物館を訪問していた間、韓国人らしき入館者には一人も出会っていない。英語、中国語、日本語の表記は一切なかった。かなりの収蔵品が倉庫にあるであろうに、来館者に提示する工夫や努力が不足している。予算が少ないから有能な人材を確保できないのか、ソ連以来の硬直した官僚組織が変革を妨害しているのか。これでは、アルセーニエフの名前が夜泣きするというものだ。

奇妙な符牒がある。この博物館の建物はロシア人が建てたものではなく、旧横浜正金銀行がウラジオストク支店として戦前に建築したものである。サハリンの州都、ユジノサハリンスクにある郷土博物館の建物は、日本が総督府として建築したものであった。古い良いものを大切に使っていると言えば聞こえがいいが、教育文化の予算が貧弱なのだろう。ロシアの科学技術が一時期、アメリカよりも遥かに先を走っていたことがあった。今でも先進国の水準に留まっている。しかし、先端は高くても、底辺はとても狭いように見える。山頂が高くて裾野も広い富士山形でなく、スカイツリー型とでも言おうか、少ない教育予算で高水準の科学技術を求めている。しわ寄せが文化教育施設や義務教育諸学校にきているように見える。

さて、アルセーニエフの紹介をしよう。日本でのアルセーニエフの知名度は低い。黒澤明の映画「デルス・ウザーラ」の原作者である。ロシア帝国の軍人で、ウスリー地方の測量調査の途中で主人公デルス・ウザーラに出会った。彼をガイドとして雇い、地図も道もないウスリー川流域の測量を行った。ハンカ湖では天候が急変して猛吹雪に襲われた。デルスの機転で九死に一生を得た場面は映画のハイライトだった。この測量の旅をきっかけに二人は親友となる。ヨーロッパロシアで育ちながらもアルセーニエフは心の広い感性の豊かな人物で、先住民デルスの文化や習慣を尊重した。未開人に対する蔑視が当たり前の時代に、極めて開明的に先住民と関わった。彼はウスリーの自然を愛した。地理的な調査で成果を上げているだけでなく、文学的な才能にも恵まれていた。卓越した冒険家、地理学者そして文学者であった。

しかし、彼の晩年は悲劇的である。自尊心が強く正義感が旺盛であったがゆえに、スターリンの独裁に隷従することができなかったらしい。優れた知識人の多くがスターリンの時代を生き延びることができなかったように、彼自身も、彼の家族も、密告により虚偽の罪を押し付けられて粛清にあった。名誉が回復されるのは独裁者が死んだ後で、最終的にはソ連の体制崩壊まで待たねばならなかった。スヴェトランスカヤ通りの博物館がアルセーニエフ記念博物館と名称を変えるまでに時代は変わった。今や、極東ロシアでのアルセーニエフの名声は高い。ロシアが誇れる第一級の知識人であったのだから当然といえば当然である。

ところで、アルセーニエフが住んでいた家が博物館となって残っている。シベリア鉄道の終着駅から直線距離で五〇〇メートル、閑静な地区で、家の前の道は緩やかな坂道となってピョートル大帝湾に向かっている。デルスが晩年寄寓したのはこの家である。小さな門に、「博物館・アルセーニエフの家」の控えめなプレート。お屋敷ではないところが知の巨人らしい。こぢんまりとした二階建ての家で、狭い書斎、居間、応接間などが展示スペースとなっている。生活調度品も配置されているので、アルセーニエフやデルスが扉の向こうにいるような臨場感があった。スヴェトランスカヤ通りのアルセーニエフ記念博物館に失望した人は、ここを訪ねて口直しをしたらいい。

殺せなかったハシブトガラスの雛（二〇〇九／六／三十）

朝、いつものようにアカデミーチェスカヤのバス停で下車して研究所に向かう。幅六、七メートルの砂利道を下っていくと突然、近くでハシブトガラスの耳障りな声が響いた。少し離れた前方の木に止まり、神経質にこちらをにらんでいる。無視して進んでいくと飛び立って、低空を威嚇的な声を発しながら旋回する。ロシア語よりカラス語のほうが得意だから、すぐに状況がわかった。私に対しては「バカヤロー、ボケー、カスー、蹴りいれたろか」と罵詈雑言。近くに潜んでいる巣立ち直後の雛には「動いたら駄目よ」と宥めの言葉。二通りのメッセージを発しているに違いない。振り返って地上を丁寧に捜すと、予想通りだった。巣立ちを急ぎ過ぎたハシブトガラスの雛が一羽。道端でじっとしている。警戒心が乏しく不活発なので本気で追いかけたら手捕りできる。しかし、気分が乗らない。必死で挑発する親が不憫だし、青みのかかった眼で無邪気に私を見つめる雛は可愛い。とてもではないが殺生できる状況ではなかった。雛が草むらに行くように道路から追い立てて安全を確保してやってから、その場を静かに去った。

この出来事はこれまで気づかなかった二つの事実を教えてくれた。分業と知的好奇心である。サハリン島で、そして大陸側で合計したら推定三〇〇羽以上のカラスを殺傷してきた。しかし、厳密にいえば私が殺傷したのではなかった。ハンターと金銭契約してカラスを撃ってもらい、死体を回収してもらったのだ。私に捕獲許可証があって、銃があって、カラスを撃ち落とす技量があったとして、三〇〇羽以上のカラスを殺傷することができただろうか。とてもではないが途中で放り出したと思う。死体を処理して頭骨標本を作製するだけでもかなりのストレスを感じているのだから。この標本採集は分業することによってはじめて可能になった。

殺害実行者（ハンター）はカラスを憎んでいたわけではないし、カラスを殺すことに快感を覚えていたわけでもない。殺害を指示し死体を損壊した者（私）も同様であった。分業することによって三〇〇羽以上のカラスを殺傷することが現実となった。ナチスによるユダヤ人大量虐殺に通じるものがある。あのジェノサイドが可能になったのは大規模な分業体制があったからだろう。ヒトラー一人がいかにファナティックにユダヤ人を憎んだとしても、彼一人で殺害を実行したとしたら、六〇〇人も殺したらいい加減うんざりして止めたであろう。一人の人間のやることはたかが知れているが、巨大組織による分業体制が動き出すと六〇〇万人も殺すことが可能になる。

ところで、標本採集の原動力は私の知的好奇心だった。好奇心に駆られて計画を立案し、たくさんの標本を採集してきた。考えてみると、知的好奇心というものは暴走しやすい代物らしい。メアリー・シェリーの小説では、ヴィクター・フランケンシュタインが理想の人間を創造しようと死体を材料にして生き物を造りだした。超人的体力、極めて高い学習能力、純真な心を持った生命体を創造したが、容貌は醜く、見るに堪えない生き物だった。彼は自分で創造しながら、創造した生命体を愛することができなかった。「化け物」と拒絶し、存在を否定する。そこから悲劇の連鎖がスタートすることになる。私の知的好奇心はヴィクターの好奇心ほど大それたものではなかった。悲劇というほどのものは起こらず、葛藤の程度も軽いものだった。とは言え、サハリン島での採集旅行の二日目、オホーツクの砂浜でカラスを埋葬した時、カラスの殺生に私を追い立てた知的好奇心にうろたえていた。

先刻のハシブトガラスの雛、形態学の研究には使えなくても、羽を数枚むしったり、血液を少々吸ったりしたらＤＮＡの試料としては役に立つ。殺さなくても済むのだが、雛のあどけなさや親鳥の必死さに直面するとその程度の加害行為すらやる気になれなかった。

お買い物

今日は金曜日だけれどクリュコフが研究所に来ないのでお休みにする。休養と観光と買い物に充てた。帰国まで三週間を切っている。このあたりで息抜きして、見ておくべきものを見ておこう。それから大きな缶を入手しておこう。

先日、職務質問を受けた公園を更に北に進むと大きなスーパーマーケットがある。土産物としてウォッカ、ジャガイモの即席カップ、感謝祭用巨大タマゴ型チョコ、大きな缶に入ったクッキー詰め合わせを買う。

帰り道、別の大きなスーパーマーケットに寄る。ここでも大きな缶に入ったクッキーを買う。中身のクッキーは隣国製で気が進まないけれど、缶が必要なのだ。これで大きな缶が二つ確保できた。大きな缶を執拗に集めた真の狙いを明かそう。帰国の時に頭骨標本を一個一個ラップに包んで缶の中に整列、三段重ねくらいにして綺麗に収納するためである。X線透視では菓子詰めの缶として認識されるだろう。八〇個以上ある標本をスムースに日本に持ち込むための準備であった。

昼食とシェスタの後は朝とは反対に南に。スヴェトランスカヤ通りの百貨店に出かけて、ネチャエフへの贈り物を捜す。前日、クリュコフに相談して彼に喜んでもらえそうなものを聞いておいたから悩むことはなかった。魔法瓶と紅茶三箱を買い求めた。彼には沿海州での採集で本当にお世話になった。

次の週初め、ネチャエフの研究室を訪ねる。過日のカラス採集で銃を持って助っ人に来て頂いたことへのお礼として、贈り物を手渡した。彼の風貌は仙人を彷彿させる。老いてはいても学問への情熱の火は消えることなく、今も燃やし続けている。齢からしたら研究室で静かに過去の資料を整理して本を著すくらいかと思いきや、野外調査に出てテント生活もやっている。銃での採集もできるほどに視力も体力もある。見かけに反して、やることは超人的という意外性を持っている。彼には独特のオーラがあった。本当に生物が好きで、生物の世界を極めるためにひたすらフィールドで研究を続けてきたものが醸し出すオーラなのだ。

ラストスパート（二〇〇九／七／七）

最後に着手した五標本が第二段階、整形に入り、倉庫の水槽に入れて腐敗を待つことになる。採集旅行で得た六〇個の頭骨は、最終仕上げ前の水風呂も終えた。これらの標本は第三段階、エステティックに移る。一週間の長い行水を終えて、臭みはほとんど抜けていた。これに伴い作業場所も変更となった。もっと明るくて空気の良い研究所三階の一室が使える。南に窓が開いているから明るい、広い作業台があるのでズラリと頭骨を並べて作業ができる。第三段階までくれば、強烈な腐敗臭は過去のもの、研究所内に持ち込んでも迷惑にはならない。

昼食は四階のクリュコフの部屋でとる。冷蔵庫や湯沸しの設備があるから具合がいい。即席のスープやコーヒーを作ってお弁当を食べる。コンピュータの中の家族の写真を見せてくれた。息子さんたちの家族の写真、特にお孫さんの写真が多い。解説も丁寧になる。孫が可愛いのはどこでも同じだ。

今日一日で四〇個ほどの処理を済ませた。一日中、作業台に向かって立ちっぱなしで最終クリーニングを施した。一時間ほど延長することで予定量を確実に消化する。最終の巡回バスには間に合ったが、帰宅した時はぐったりしていた。

フェイルセーフ（二〇〇九／七／八）

採集旅行で得たカラスの頭骨のうちの残る二〇個も、第三段階に入った。ナンバーシールを張りつけて、台帳と照合する。クリーニング作業が終了し、測定作業に入れるところまできた。しかし、遅れている沿海州採集の二〇個が、第三段階の作業を待っている。こちらを先に済まさなくてはならない。ロシア出国までの残り日数は十日、時間との競争である。

この日、昼食をとりながらクリュコフに相談する。通関の検査で頭骨が没収されたらどうしようかと。サハリンから日本に持ち込んだ時のヒヤリ体験を話した。クリュコフはフェイルセーフのために書類を準備しようと約束してくれた。所長の決裁を受ける必要があるので数日かかるとのこと。その書類に「水戸黄門のご印籠」の威光はないが、没収され焼却処分されそうになった時に研究所に差し戻される保証にはなるという。最悪の事態を回避できる目途がついた。空中ブランコや綱渡りの演技の時に下に張られたネットのようなものである。標本が没収されて研究所に戻されたら、再計測の度にウラジオストクに来なければならない。時間はともかく、それに伴う支出が痛い。それでも、焼却処分されるよりはましである。予期せぬ失敗は起こりうる。コルサコフ港や稚内港での幸運が、今回の帰国時にも繰り返される保証はない。安全工学のハインリッヒの法則は「何度もヒヤリとしたが軽微な事故で済んだ後には、必ず重大事故が発生する」という経験則である。東海村で、新潟で、敦賀で何度もヒヤリ事故を経験しながら、事故の教訓をしっかり学ばず、周到な対応策をとらなかった日本の原発産業は、福島で致命的な重大事故を起こした。他人事ではない。今回は通関で止められた時の安全策がとれるのだから、とっておかなくてはならない。クリュコフが用意してくれることになった書類はフェイルセーフとして機能してくれるだろう。

上弦の月に起こされて（二〇〇九／七／十六）

夜半に目が覚めた。部屋が月明かりで、かなり明るい。窓辺から月を探すと上弦の月が中天に輝いていた。梅雨空が続いていたし、夜中に目覚めることなど滅多になかったから、月を観るなどということがなかった。それだけに月の明るさが新鮮だった。月明かりで向かいの棟がよく見える。その建物は極東大学のキャンパスの一つである。この部屋に寝起きするようになったのは六月の中頃だったから、もう夏休みに入っていたのだ。日中も静かだったけれど夜中だからなおさらのこと、森閑としている。日本の大学は夜中でも明かりのついている研究室がチラホラある。ロシアにはフクロウ型の研究者はいないのだろうか。独身ならともかく、家庭を持っていてそのような勤務形態をとったら家庭が維持できないのだろう。

寝床に戻って眠りに就こうとしたけれど、目が冴えて眠れない。眠れないからといって困ることはない。今日は研究所には出かけない。自室で家人が出払っている時間帯に、残りの未計測標本を片づけたらいいのだ。眠くならないのをいいことに、寝床に横たわって心を遊ばせている。月を観るのが珍しいのと同じで、好き勝手に想いを駆け巡らせるのも久し振りである。二カ月前に富山の伏木港を出発して以来のさまざまな出来事が次から次へと浮かんでくる。随分といろいろなところに行ったものである。カラスの採集が主目的だから、そうそう沢山のロシア人に会ったわけではない。それでも、かなりの人に出会う機会を得た。十人十色というけれど、ロシア人といっても人それぞれなのがわかった。たいていの日本人は生身のロシア人との交流の機会が無く、新聞・テレビ・スマホなどからの情報だけで「ロシア人」を創っている。私も二〇〇六年に樺太に出かけるまでは、そのようなマスメディア製のロシア人像を持っていた。ハシブトガラスにつられて樺太に出かけたのがきっかけになって、ロシア人の知人が増えた。異文化の人たちを知ることで、より柔軟により多角的に人を見ることができるようになった気がする。

日本のマスコミが入らない地域をたくさん訪ねた。予備知識なしに、いきなり未知と遭遇するのは楽しい。他者の視点に煩わされることなしに、私の感覚だけで対象を感じとり、他人の解釈などお構いなしに未知と対話できたので楽しかった。あれもこれも、カラスの研究を続けてきたことの余禄である。二〇〇六年からの三回の極東ロシアへの旅行で費やした私費合計は新車のレクサスを一台買えるほどになった。しかし、新車に乗って得られる幸福感は三日止まりで、あとは急速に色あせてしまうものである。マンジュリカスを追いかける旅は困惑したり、狼狽したり、苦吟したりで、苦労が多い。けれども辛抱してゆくことで、新発見の歓びに転化してゆく可能性を持っている。それだけではない、時がたつにつれて幸福感が熟成してゆくのだ。

この日の午前中は部屋で最後の計測作業を済ませてから、缶に標本を詰め込む練習をする。菓子の詰まっていた大きな金属製の缶二つに菓子を装って綺麗に頭骨を詰め込むのである。紙箱でなしに金属製の缶にしたのは税関でのX線検査を意識したものである。解像が悪ければ、カラスの頭がきれいに整列していることがわからないだろう。缶の中に入っていた菓子はスーパーのレジ袋に無造作に放り込む。今回の遠征で得た標本はすべて缶に収納できた。しかし、クリュコフが以前に採集していたカラスの八個体分が入りきらない。再計測してデータだけを持ち帰るか、別の小さい缶を用意して三缶を持ち出すか。今日一日、考えてみよう。クリュコフからは、研究所所長の署名のある持ち出し許可文書を受け取っている。樺太からの持ち出しのような、没収即焼却のリスクはもう無い。それでも、没収されたら厄介だし、研究に支障をきたす。見つからないことを最優先すべきなのだ。

午後は散歩に出て、スヴェトランスカヤ通り東端のルゴヴァヤ市場で花束を求める。リューダへの贈り物にする。五〇〇ルーブルの支出。快適な五週間のホームステイへの感謝の気持ちを伝えたかった。ネチャエフへの贈り物の場合と同じで、感謝の気持ちに相応した品でないことが歯がゆい。財布の底が見える窮状だから仕方がない。近場にも花屋はあったけれど、大きな市場の花屋は品ぞろえが充実していて新鮮である。少ない予算でより多くの花を贈れるので遠くまで足を延ばした。帰宅したリューダに花束を贈る。ロシア語で感謝の気持ちを添えて。とても喜んでもらえた。英語でなしに、ロシア語で伝えることができる程度に勉強が進んでいてよかった。

最後の出勤（二〇〇九／七／十七）

明日の夕方にはウラジオストクを発つ。今日が最後の出勤である。缶に入りきらなかった標本は計測と撮影だけ丁寧にやって、クリュコフに手渡す。それを再計測するためにだけ、この地を訪れる可能性はたぶんない。再訪するのは研究が終了して、全標本と未使用のＤＮＡ試料セットをロシア側に手渡す時と決めている。倉庫の作業部屋も整頓して、冷蔵庫内の標本にできなかった頭骨はクリュコフの部屋の冷凍庫に移した。今回の採集旅行で得た頭骨はすべて菓子缶の中に詰めて持ち帰れるようになっている。世話になった飼育室のターニャに別れの挨拶をする。飼育しているウサギを抱えて記念撮影をした。作業部屋にリューダの家の鍵を忘れた時、倉庫の錠が機嫌を損ねている時、彼女には度々助けてもらった。美人で気立てのよい人だった。

昼過ぎには研究所にサヨナラして、街に戻る。フェリーターミナルに行って、船会社の事務所を訪ねた。運航便の確認をしておかなくては。事務所を探し辿りついたのに、夕刻にならないと開かないとの扉の表示。ブラブラと時間潰しをしてから再度訪ねる。ウラジオストク港を出発する時刻、日本に到着する時刻は復路の切符の記載通り。ところが到着港が伏木港から博多港に変わっている。伏木港は富山県、博多港は福岡県ではないか。原因が笑止千万である。ルーシ号は博多に着いた後、日食観測のツアー客を乗せて南西諸島に臨時就航するのだという。ツアー客が集まったので、伏木港に行くのを止めたのである。大阪に住んでいるから富山も福岡も大差はないが、東京に住んでいたら怒るだろう。「誠に申し訳ありませんが、諸般の事情により……」といった言い訳抜きで、平然と「変更しました」で済ますところがロシア流である。

ウラジオストク出航（二〇〇九／七／十八）

いよいよ、今夕にはウラジオストクを発つ。今日は土曜日で五回目の支払いを済ます。三十五日も滞在したことになる。早く帰りたい、早く時間が過ぎてくれ、という気分になったことは一度もなかった。リューダもマリーナもとても相性のいい人たちであった。支払いの後、リューダとお茶を飲みながらよもやま話をする。彼女が離婚したのは八年前だという。「ロシアの男は家族を顧みない」と諦観の趣で語った。八年という時間は離婚に至る修羅場の記憶が薄れて、話題にしても痛みが少なくなるものなのだろう。でも、相手を許すまでにはもっと時間が必要なのだ。己の側の対応のまずさに気づくまでには八年の何倍もの時間が必要らしい。それにしても、ひとり娘のマリーナは辛く悲しい思いをしたのだろう。

リューダやマリーナと記念写真を撮ったり、マリーナの油絵や、大学卒業時の建築作品を見せてもらったり、ゆったりとした時間が流れる。昼からは、スヴェトランスカヤ通りのロシア正教の教会を再訪する。通りの山手側、中腹の台地に建っている。大きな樹木に囲まれたやや小ぶりな教会のせいか、この街の大聖堂より親しみが持てる。最初にここを訪ねたのは朝霧がたちこめる日曜日の朝だった。鐘の音で教会があるのに気づいた。ジグザグの石段を登っていくと立派な鐘楼に出会う。すぐ奥に教会の入り口がある。ロシア正教特有の特徴ある和音が重層的に響き、心に沁み込んでくる。残念なことはこの教会の近くにべらぼうに高い巨大橋脚が建設中で、数年後には高架橋が金角湾を跨ぐことになっている。次にウラジオストクを訪れる時、この教会は風情ある佇まいを残しているだろうか。

この週の初めに「用事ができて、見送りに行けないかも」とクリュコフが言っていたのだが、用事の都合をつけて見送りに来てくれた。リューダ宅に車を寄せてくれたので、大助かり。たくさんの荷物の車への積み込みの負担が半減した。駐車場から税関入り口までの荷物移動も負担が減り、置き引きへの心配もなくなった。荷物の移動が終わったのは、乗船券指定時刻の半時間前だった。だんだん待合室が混み始めてきた。見回したところ、日本人らしき旅行者は見当たらない。いよいよ税関検査を受けるのかと思うと心が昂ぶってくる。もし、頭骨標本やＤＮＡ試料が発見されても最悪の事態は回避できるはずである。研究所所長の持ち出し許可文書がある。持ち出しが阻止された場合はクリュコフが預かってくれるから「宝物」は無事である。フェイルセーフは万全だが、何事もなしに検査を通過するのが最善である。

税関検査室への扉が開き待合室の人たちが列を作る。荷物はクリュコフに見ておいてもらい、私も列に加わる。東洋系の人たちが半分くらいいるが中国か韓国の人たちらしく、日本語は聞こえてこない。入り口のところの係員に乗船券を見せて確認すると、この列は韓国に行くフェリーの乗客のものだという。日本行きは韓国行きが終わってからだというので、列を離れてクリュコフのところに戻る。韓国行きの列が検査室に吸い込まれると扉が閉まってしまう。待合室はわれわれが到着した時のように閑散とする。

暫くしてドヤドヤとロシア人たちの一団が到着する。続いて欧州系の人たちが五月雨式にやってくる。東洋系の人たちは多くない。どうやら、シベリア鉄道駅から移動してきた人たちらしい。そわそわと落ち着きのない雰囲気になり、先ほどの並び方を参考に先頭位置に立つ。通関のことで頭の中はいっぱいであった。検査時に冷静さを保てるように、ゆっくりと深く深呼吸を繰り返す。再び、検査室への扉が開いた。けしからんことに後から来たロシア人の一団が図々しくも前に割り込んでくる。係員に文句を言うと、団体を迂回して検査室に入ってよいという。クリュコフに合図して残りの荷物を持ってきてもらう。

団体の列の横を素通りして奥へ向かう。検査室の係員は乗船券を見て単独の日本人旅行者であることを確かめると、検査室の出口に行くように指示した。出口の係員は、次の部屋へ進んでよいという。そこは出国審査室でパスポートに出国印を押してもらうところ。なんと、税関検査はフリーパスになったのだ。X線検査もなしである。さんざ待たされて不安を募らせ、団体客に割り込まれて腹を立てての通関だったけれど、あまりにもあっけない結末であった。キツネにつままれたような気分で埠頭に出る。屋上にクリュコフが立って手を振っていた。「無事通過したよ」とVサインで合図してから、「さようなら」と手を振る。夕暮れが迫ってきた。間もなくウラジオストクを出港するのだが、感傷に浸るような気分にはならない。ロシア出国は無事だったが、まだ日本入国という関門があるのだ。

往路と同じ四人部屋で船室には窓がない。けれど、同室者は乗ってこないので一人部屋と変わらない。船が動き始めたときにはすっかり暗くなっていた。湾奥から外洋に出るまで甲板で夜風に吹かれる。ウラジオストクの街の灯が遠ざかってゆく。今になって思う。通関はとても好都合な展開になっていたのだ。割り込みしたロシア人団体客の検査で大忙しになって、雑魚一匹に構う暇が無くなったのだ。船の出航時刻が迫っていて早く旅客を処理する必要があったからである。一昨年、樺太を出る時にはX線の透視検査でヒヤリとさせられたのだから、今回のフリーパスは意外だった。運がいいのだろう。でも、これで終わったわけではない。前門の虎は無事に通過できたが、明後日の博多港には狼が待っているかもしれない。兜の緒を緩めるわけにはいかない。

Amazing Graceの海と旅の終わり

朝食のテーブルは、昨日の夕食の時に同席した人たちと同じ顔ぶれだった。三十代前後のスコットランド人のカップル、若々しく好奇心旺盛な二十になったかならないかのフィンランドの娘、日本人で二十代前半の極東大学大学院生の男性。スコットランド人の女性は少し遅れてやってきたが、顔色が土色であった。かなり強い船酔いのようで、朝食をとらずに部屋に戻った。往路よりも船は揺れてはいたけれど、それほどひどいものではない。多分、シベリア鉄道の長旅で疲れがたまっていたのであろう。船客が少ないのでバーが閉まっていてビールが飲めない。荷物の中に呑み残しのウォッカがあったので困りはしなかった。

この日は好天で海が美しく、甲板に出てぼんやりと海を眺めていた。船尾に拡がってゆく波頭の広がり、単調で力強いディーゼル機関の音、さほど気にならない排気の煙の臭い、船の揺れは甲板を歩くときに意識される程度であった。海原を渡る風はそよ風よりは強く、α周波数的に心地よく強さが変わった。漫然と、ただ漫然と海を眺めている、眺めているほかにやることがないというのは結構なことである。この日の朝の甲板もよかった。昼もよかった。夕べの日没間際は最高だった。日頃の時間の流れから離脱できるのが船旅の魅力なのだろう。至れり尽くせりの豪華客船のクルーズと違って、船客はほったらかしなので尚更幸せな気分に浸れる。Amazing Grace のメロディが、ディーゼルエンジンの規則的な音の永続的な繰り返しの中から、ゆったりと湧き出てくる。心地よい船の揺れに任せて、船首で生み出されて舷側から離れ後方に拡がってゆく波に合わせて、Amazing Grace がエンドレスに流れてゆく。この曲はこの日のような優しく包容力のある海に合う。

窓のない船室だから時計のほかに時刻を知る手がかりはなく、天候がどうなっているかもわからない。時計が六時を指していたので起き上がって外に出た。昨日のカラッとした好天はどこへやら、空一面に梅雨空が広がり、湿った空気が皮膚に粘りついてくる。晴れていようが曇っていようが、いよいよ後門の狼の前を通る時が近づいてきた。ウラジオストクに到着した時のような腰痛の発作が無く、船から荷物を下ろすのは全部独力でやれた。タラップの高低差が伏木港のように厳しくなかったので助かった。博多港では船から降りた旅客はバスに乗せられ、出入国取扱い事務所棟の前で下車する。次に三階まで上がらなくてはならない。といってもエスカレーターがあるから苦にはならない。船から降りた後は、食事の時に相席だった人たちが荷物の移動を手伝ってくれた。出入国審査で帰国印を押してもらった後、いよいよの通関である。

一昨年の稚内では好奇心旺盛な職員に薄氷を踏む思いをさせられた。今日は心の準備ができている。博多の通関は形ばかりの問答だけで済み、荷物検査の要求はなかった。虎にも狼にも咎められることなしに日本に戻れたのである。

フェリーターミナルからバスで博多駅に。博多は梅雨の終わりで、気温も湿度も高い。昨日までの乾いた爽やかな空気とは大違いだ。少しでも安く済まそうと駅裏まで行ってチケットショップを探す。重たい荷物を抱えてよくやるものだと、我ながら呆れる。でも、こんなことにこだわって汗水流すことで、インデペンデントの不屈の魂は磨かれてゆくのだと苦役を楽しんでいる。新幹線に乗り込んでようやく気持ちが落ち着いた。冷房もきいているし、冷たいビールを飲みながら弁当を食べる。胃袋に食べ物が収まりビールと混じりあうと、心身ともに人心地がつく。

今、二カ月間に及ぶ大陸でのカラス採集の旅は完全勝利で終わった。この旅の出発時に危惧されたコンコルドの失敗、この段階では現実のものになっていない。しかし、「やったぜ」と、達成感に浸るのはまだ早い。カラスの頭を集めるのが最終目標ではない。集めてきた骨から何を引き出せるかが肝心なのだ。旅は終わったけれど、その終点が新しい旅の始点になる。採集してきた大陸側の頭骨標本には今のところは何の価値もない。樺太や北海道の標本と合わせて分析してゆくことにより、新事実が発掘された時に初めて価値が生まれてくる。これから始まる後半戦は、未知の土地に出かけるのとは違う。書斎にこもって骨と対話することで、未知の領域に踏み込んでゆく旅である。骨がどんなことを語るのか、誰も知らない。骨から何を聞き出せるのだろうか。

コラム　わが子への安全教育

私がカラスを研究していると言うと、一〇人中一〇人までが「カラスは頭が良い動物だそうですね」と返してくる。自分はカラスの認知や記憶を研究したことがないので「そのようですね」としか答えることができない。残念なのは「カラスは子育てが上手だそうですね？」と誰も聞いてこないことだ。

二シーズンにわたりハシボソガラスの子育てを観察したことがある。カラスには育児書はないし、教育専門家の雑音もないので、彼らの子育ては理屈でなしに、徹底した現場主義であった。眼の前のわが子をよく観察していた。カラスの親は子どもが必要としている時に必要なものを惜しみなく与え、必要なくなったら求められても拒否した。雛の背中に付けた発信機が中途半端に外れて、雛の行動発達を一カ月以上制約したことがあった。このハンディキャップを背負った子どもに、濃度の高い養育の期間を延長させるという柔軟さで両親は対応した。

雛が巣立ちして間もない時期のこと、カラスの親が巣のある森の中で怒っているような、威嚇しているような声を出し続けていた。林内に入ってみると、ネコが地上を徘徊している。巣立ち直後の雛は肢も翼も頼りなく、転落の危険と背中合わせ。地上に落ちたらネコの餌食になるのは確実である。さらに、ネコは樹にも登るので、巣立ち雛が樹上で捕食される危険もある。カラスの親が神経質になるのも当然のこと。巣立ちした幼鳥は十分に高く離れたところうずくまって安全そうに見えたが、ネコが森から去るまで親たちはわめき続けていた。

この一カ月後、水田の畦でヘビに対してカラスの親が大騒ぎをしていた。少し離れたところで幼鳥が見ている。親はヘビを挑発して、慎重に間合いを詰めてから尻尾を咬むことまでした。ヘビの危険さと間抜けさを教えているようである。

更に半月後、今度は畑で大騒ぎ。ネコを挑発していた。少し離れたところで幼鳥たちが見学している。親はネコの尻尾を噛んだり、腰のあたりを突いたりした。仔ネコやヘビはカラスの餌になることがあるが、ここで観察されたネコやヘビは餌にはされなかった。カラスの親がやっていたことは「危険だから逃げろ」と教えるだけでなく、「このように間合いを取れば安全だ」とか、「このように攻撃したら撃退できる」と実地に教えているように見えた。危険なものにいかに対応するかを、わが身を危険にさらしながら現場で教えているらしい。だとしたら、口うるさい人間の親が見習わなくてはいけないほどカラスの親は教育的だということになる。

第５章　頭骨小変異と係数倍で謎が解けた

遂に大陸側のマンジュリカス標本が入手できた。

全貌解明は簡単だと思って分析を始める。

しかし、樺太標本の曖昧さは決着がつかない。

ぬかるみ脱出のきっかけは異分野の人類学で開発された頭骨小変異という手法の導入だった。

これで樺太・北海道間の曖昧さは片付いたが、地域間の形態の違いをスッキリ説明できない。パズルが解けたのは夜半の半覚醒状態下での閃き、係数倍というコンセプトに遭遇した時である。

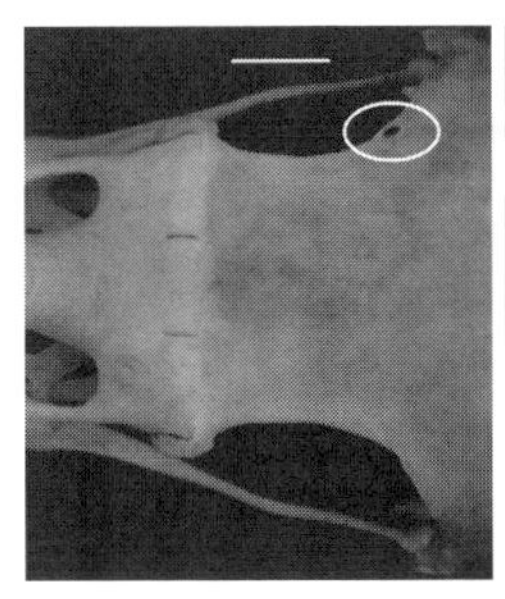
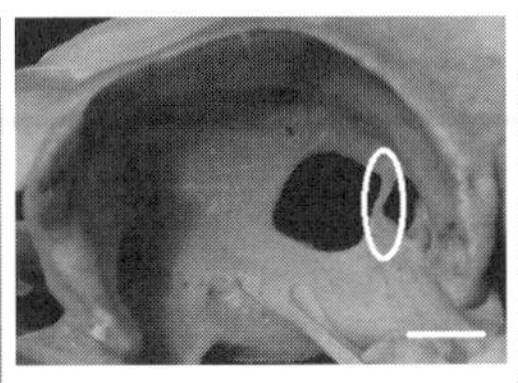
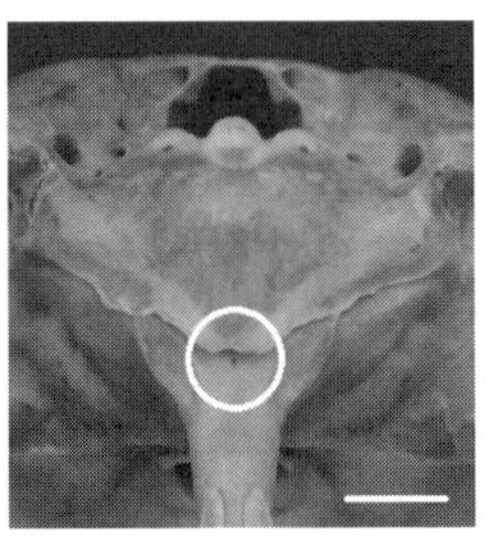

頭骨小変異の三形質（左は眼窩上孔、中は隔壁孔の仕切り柱、右は頭骨梁のピンホール）

大陸側の頭骨計測はロシア出国前に一回目を済ませていたが、九月に再計測をした。せっかく持ち帰った頭骨標本である。測定ミスの無いように、念には念を入れておいたほうがいい。

1 形態からのアプローチ

十月中旬より測定データの入力作業を始め、月末より大陸側の三地域間の比較に手を付けた。間宮海峡大陸側沿岸部、ユダヤ自治州周辺、ウラジオストク周辺の三つの地域グループに仮分けしてみる。これら三地域のうち間宮海峡沿岸部は、シホテアリニ山脈により他の二地域と隔離されている。われわれ日本人がイメージする山脈、奥羽山脈、赤石山脈、飛騨山脈とは規模が二ケタ違う。山域の過疎の程度も想像を絶する。広大な山域には町らしい町が無く、道路も皆無に近い。小さくても集落が飛び石状にでもあれば、カラスは人間に由来する餌資源に寄生することで進入してゆける。そのような集落の分布がないので、ほぼ完全な地理的障壁になっているのだろう。かろうじて険しさの和らぐ北部に、内陸と間宮海峡側を結ぶ心細い道路が通じていて、道沿いに離れ離れに小集落が点在している。間宮海峡沿岸部と内陸部の間でカラスの往来があるとすれば、このルートしかない。内陸側の二地域はウスリー川とアムール川に沿った平地でつながっていて、地理的な障壁はない。ただし、大陸性気候の程度は海岸部のウラジオストクよりも内陸のユダヤ自治州のほうが厳しい。そこでは、夏は四〇度を超える猛暑になり適度の降雨もあるので農業が可能だが、冬の極寒と乾燥は半端なものではない。地理的障壁や気候的障壁の効果がカラスの形態に反映されているかどうか、三地域間で比較したら明らかになるかもしれないと期待した。

半世紀前に比べると現在の研究者は信じられないくらい恵まれている。多くの使い勝手の良い統計ソフトが開発され、パソコンの機能が指数関数的に高まったからである。昔は、カイ二乗検定は手計算で、数表と照合して有意差があるか否かを判定していた。標本数が多ければ、一回の検定に半日とか一日かかった。今ではひとたびデータテーブルを完成すれば、数秒で結果が出てくる。いろいろな新手の統計検定法でバンバン有意差の判定ができるようになった。この三地域間の比較では多変量解析が大活躍した。昔なら嘴長と嘴高の二変量で分析するしかなかったが、今では沢山の変量を取り扱って処理できる。当然のことながら比較の信頼性が高まる。この研究では頭長、頭高、頭幅、頭蓋と嘴の接合部の幅、嘴長、嘴高、嘴幅、下顎側面長の八つの変量を用いた。多変量解析にも幾つかのバリエーションがあり、そのうちの二つを用いて三地域を比較した。

結果は期待に添うもので、シホテアリニ山脈で隔てられた間宮海峡大陸側沿岸部のカラスと内陸二地域のカラスはハッキリ違っていた。しかし、内陸二地域間の相違は有るか無いか曖昧だった。この結果は想定していたものだ。

次の段階に進む。北海道、樺太、間宮海峡大陸側沿岸部、内陸側二地域合同の四地域間で比較を試みた。注目の的は樺太で、北海道側に似ているのか、大陸側に似ているのかを判定したい。前者なら樺太のカラスはジャポネンシスで、ヴォーリエやネチャエフが正しかったことになる。後者ならマンジュリカスとなって定説が覆される。既に一年前に北海道と樺太との間で同一の変量セットを使用して多変量解析をしていた。この時の結果は曖昧で、違うようだが断定はできないというものだった。今度は四地域のデータでの解析である。間宮海峡沿岸部と内陸部が追加されたので、前回の分析よりもスッキリした結果が出ると期待していた。

ところが多変量解析の結果は、樺太のカラスは大陸側のマンジュリカスに似ているが、北海道のジャポネンシスとはっきり違うとまでは断定しにくいという、またしても欲求不満の募るものであった。

この当時、私が依拠していた全体的構図は、樺太に住んでいるのは北海道と同じジャポネンシスというヴォーリェやネチャエフの説だった。大先生が書いているのだから、信用していいだろうという事大主義的気分が意識の底に潜んでいた。多変量解析の中で「二系統に分けることができるだろうか」と問う手法を使うと、分けることが可能だという判定が出てくる。別の手法「分かれているとしたら幾つに分かれているのか」と問うと曖昧な答えになる。せっかく大陸側でマンジュリカスの頭骨を集めてきて、より広域での比較が可能になったのに、決定打が出てこない。大陸側の標本を集めたら樺太のカラスがどちらに属するか明らかになるだろうと期待していたのに、これでは元の木阿弥ではないか。それだけではなく、多くの測定値を地域間で比較すると鮮やかに差異が出てくるのだが、その原因をスッキリ説明することができない。二〇一〇年初め、再び混迷状態に陥った。

2　遺伝子からのアプローチ

二〇〇九年に大陸側で採集したＤＮＡ試料の解析は翌二〇一〇年の夏には終わった。これらの結果と以前からの解析結果を統合して東アジア全体での系統分析が進められ、翌々年二〇一一年早春に結果が送られてきた。ハシブトガラスは単系統、枝分かれしていないということが再確認された。遺伝子型の変異を大陸系と列島系に無理して分けても、それらの出現場所は地理的に綺麗に分かれてはいなかった。

大陸系とされた遺伝子型の少なからずが、日本列島で出現している。列島系も少なからずが、大陸で見つかっている。樺太でも両系統が出現し、地域による偏りはなかった。前回に比べDNA試料が充実したのに、全体としてはあまり代わり映えがしない結果である。

重要とは思えなかったが、韓国の済州島で採集されたカラスだけが異質であった。系統樹を作ると済州島だけが、他の大多数と別の幹を作った。済州島は朝鮮半島から隔離された小さな島である。隔離された小さな集団では、遺伝子の気まぐれな変動が起きやすい。

3　救世主、頭骨小変異

二〇〇九年は産卵の年、二〇一一年は卵にひびが入って雛が飛び出してきた年。中間に挟まれた二〇一〇年は抱卵の年と呼ぶにふさわしい。卵の中で密かに進行してゆく胚の発生に似て、表面的には何の変哲もない地味な一年だった。標本を集めにロシアに出かけたわけではない。学会の大会で発表することもない。学術雑誌への論文投稿もない。しかし、質的変化に向けての量的蓄積の過程とはこんなものだ。乱は治の中にあり、治は乱の中にありという。表面的には変化がないように見えながら、内奥では大変化に向けての準備が進んでいた。

前年が貧読の一年だった反動か、この二〇一〇年はものすごく多読な一年になった。いろいろな方面の本を読み漁ることで、頭の中の引き出しの数を増やしたかったのだろう。生物学に偏らず、広範囲の本を読むことでアイデアを取り込もうとした。

これらのうち、私の研究課題に直接つながったのは「モンゴロイドの地球」シリーズの第3集『日本人のなりたち』中の、頭骨小変異に関する一章であった。百々幸雄という解剖学者が人の頭骨にある小さな表形上の変異に着目した。眼窩の上縁から内部に向かって小さな穴が開いているか否か。頭蓋の後に舌下神経管の通る穴があるのだが、これが二つに分かれているか否か。こうした小さな変異の出現率を人類の諸集団で調べまくった。これらの変異は適応には無関係と見なされた。有ろうが無かろうが生存競争には関係がない、中立的な形質ということだ。百々はこの二つの形質の出現率を当初は日本国内で、更に範囲を広げて全世界で調べ上げた。無視されてきた形質に着目したこと、膨大な頭骨を収集して鑑別したこと、百々幸雄は偉大なる奇人である。海のものとも山のものともわからないことに賭けたところが凄い。眼窩上孔と舌下神経管二分をもとに全世界の人類諸集団をグラフ上にプロットしたら、何とミトコンドリアDNAによる系統分岐図に基本的に一致してしまった。時代遅れと見なされがちな頭骨形態学と最先端を行くと思われている分子系統学が似たような結論を出した。このことは私にとって衝撃的だった。ヒトで成果が出ているのなら、カラスにも小変異の手法は使えるかもしれない。

環境の影響を受けやすいのは咀嚼に関わる口廻り、変わらないのが頭蓋と私は考えていた。別の言い方をするなら、遺伝子の縛りが緩いのが顎、堅いのが頭蓋ということ。ところが、遺伝子の大量流入が無くても顎や頭蓋は変化していた。弥生時代以降、日本には海外から大量の移民や難民流入はない。だから、日本列島に住む人々全体の遺伝子構成は変化していない。縄文系と弥生系の混血の程度が増加していっても、全体としての遺伝子構成は変わらない。混血は増加の一途をたどったであろうから、形態変化は一方向的であってよさそうである。しかし、弥生時代以降の日本人の顔の変化は混血の進行だけでは説明できないものだった。顎や頭蓋の形態が歴史的に大きく変わってきたのに、頭骨小変異の出現率は弥生時代以降全く変化していない。

ということは、鳥類においても、頭蓋や嘴の計測値による比較だけで系統関係を議論するのは危ういわけである。頭骨小変異の出現頻度を個体群間で比較することで、この危うさを回避できる見込みがある。小変異のルートがどのような成果をもたらすか、哺乳綱の人類で成功したからと言って鳥綱のカラスでうまくいく保証はない。両者は綱のレベルで隔たっているのだから。しかし、試してみる価値はあると思った。

二〇一〇年春から、樺太標本と大陸側標本について小変異の鑑識を始めた。手元の標本について鑑識の結果を入力して、隣接する地域個体群間で比較してみた。ところが、色の良い結果が出てこない。樺太はジャポネンシス、大陸はマンジュリカスなのだから差が出てくれないと困るのだが。

ジャポネンシスの牙城、北海道のデータを使ったらどうなるだろうか？　しかし、北海道標本のデータは無かった。一年前に玉田から北海道標本を借り出した時には頭骨小変異は視野に入っていなかった。北海道標本の再借り出しを願い出ることにする。六月の中頃に一回目の依頼のメールを出した。返信がないので八月の初めに再度、依頼メールを出した。その後も返信が無く二カ月が過ぎた。十月の中頃に三度目の依頼メールを出した。そして、十一月末に宅配便が突然届いた。キツネにつままれたような不思議な気分だった。一回目の借り出しとよく似た展開である。ともかく、これで北海道を含めて全地域個体群での頭骨小変異のデータが揃うことになる。

十二月より一回目の小変異の鑑識を始める。集計したらどんな結果が出てくるやら。年末年始が突然の北海道標本の到着で多忙になった。二〇一一年は一月三日から作業を再開した。普段なら八日から仕事を始めるのだが。理由は簡単、せっかく届いた北海道標本を早く吟味して、分析に入りたいと気が急いているのだ。

計測作業を一週間やったあとは小変異鑑識作業を一週間と、週ごとに作業内容を変える。眼への負担が一方的に蓄積しないようにとの工夫である。ノギスでの計測も、ヘッドルーペでの鑑識作業も眼には負担が大きい。どちらも、一回の作業は一時間を限度とし、必ず休憩をとる。一時間で三標本を処理できたら満足であった。一日四回繰り返すと眼精疲労が蓄積して、夕方の散歩では満月が焼きそこないの煎餅のように歪んで見える。それぞれを三回繰り返した後、数日かけてデータの入力作業をした。更に念には念を入れとばかりに十日間を投入して、計測と小変異を繰り返して齟齬のないことを確かめる。玉田の真意がわからないので、三回目の借りだしはないと覚悟しておかなくてはならない。一月末にはすべてを終了して標本を玉田に送り返した。

一月末の段階で、北海道標本の形態計測と頭骨小変異のデータはロシア側四地域のデータと同一基準のものになった。しかし、北海道の標本を調べた過程で、これまでの測定や鑑識に少しばかり不満が出てきた。そのために、二月の前半はロシア側で採集した頭骨の再測定と再鑑識に費やされることになる。下準備がすべて整ってデータテーブルの作成に着手したのは二月も半ばを過ぎていた。

百々は哺乳類のヒトの頭骨に認められる多くの頭骨小変異の中から、眼窩上孔と舌下神経管二分という二つの形質に着目して画期的な成果をあげた。鳥類のカラスの頭骨にもこれらに対応する形質はあった。眼窩上孔は鑑定が容易だった。舌下神経管については左右に三つから五つも穴が開いていた。それらの穴のあるものは二分していた。取り扱いが簡単でないので、途中で投げ出した。系統が違えば使えそうな小変異も違ってくる。最終的には眼窩の奥にある隔壁に開いた孔に仕切りの柱が有るか否か、頭骨の梁にピンホールが有るか無いかの二形質に着目した。眼窩上孔は参考までに添えることになる。

北海道と樺太、樺太と間宮海峡大陸側沿岸部、間宮海峡大陸側沿岸部と内陸側二地域合同というふうに、隣接する地域間で頭骨小変異の出現率を比較した。これらの組み合わせのうち、北海道と樺太以外は前年に片付いていた。ロシア側の二つの組み合わせでは出現率に差異がなかった。同系統であるという可能性が強まっていた。待ち望んでいた北海道と樺太の結果は眼をみはるものだった。鮮明な差があった。頭骨小変異から見る限り、北海道と樺太は別物なのだ。北海道はジャポネンシス、樺太はマンジュリカスという判定を下したのは二〇一一年三月、桃の節句の頃だった。この結果と前年の結果を組み合わせると、樺太も、間宮海峡沿岸部も、内陸側二地域もすべてマンジュリカスとなる。ヴォーリェも、ネチャエフも間違っていた。二亜種の境界は間宮海峡ではなく、宗谷海峡であった。

4　頂上直下までたどりついたが、立ちはだかる壁

頭骨小変異ルートからの結果は簡明だったが、形態計測ルートから得られた結果の考察は錯綜しており、標本数不足のために統計分析の結果には頼りなさが残っていた。以下の三点について明快な説明や検定がなされない限り、マンジュリカスの謎が解明されたとは言えない状態だった。

一、生物地理学にはベルクマン・アレンの規則という、哺乳類のような恒温動物に広くあてはまる経

験則がある。寒冷帯に生息する亜種は南方に生息する亜種より体が大きく（ベルクマンの規則）、耳のような突起部分は小さくなる傾向（アレンの規則）がある。寒冷な気候に耐えるには、そのようなデザインが適応的だからと解釈されている。十九世紀に提起されたもので幾多の例外もあるが、一般的な傾向として尊重されている。鳥類も恒温動物である。寒冷気候への対応として体を大きくすること、突起部分の嘴（鳥には耳殻がない）を小さくすることは適応的である。

この規則を地域間で検討してみた。樺太と北海道を比較した時に、寒冷な樺太のほうが、体重が一〇〇グラムも重くて、嘴が一〇％も小さかった。ベルクマン・アレンの規則が成立している。しかし、ロシア側の三地域、内陸部、間宮海峡大陸側沿岸部、樺太を比較すると寒冷な内陸部が一番軽く、相対的に温和な樺太が一番重かった。内陸から樺太に向かうにつれて段階的に一〇〇グラムずつ体重が増えた。ハシブトガラスの体重は最大でも一キログラムであるから、この差は大変なものである。ベルクマンの規則が成立していないどころか、反対の傾向を示している。しかし、嘴は寒冷な内陸部が最小、穏やかな樺太が最大、段階的に変化していたので、アレンの規則が成立しているように見える。体のサイズと嘴で首尾一貫した結果にならない。一体、どうなっているのだろう。

二、多変量解析のある手法で、二次元平面上に各標本をプロットする方法がある。形態が同じもの同士は一塊に集まってプロットされる。北海道、樺太、間宮海峡の大陸側沿岸部、内陸側の四地域群をスッキリ分離できるような結果を求めて、変数の組み合わせをいろいろと変えた。困ったことに、どのような変数の組み合わせにしても、ごく少数の「外れ値」が出てくる。例えば、樺太の標本について見れば圧倒的多数が或る範囲内に集まるのに、いくつかの樺太標本はとんでもないところにプロットされるのだ。こちらの期待に逆らう標本をしらみつぶしに探し出して、原本に当たってみる。入力ミスや、その他の不注意からのミスがあるのではないかと期待してのことだ。しかし、そうした期待はすべて裏切られた。こうした「外れ値」は他地域の標本でも認められた。邪魔だからと言って正当な根拠なしに「外れ値」を排除することはできない。ああの、こうのと考えるが妙案は出てこなかった。

三、小変異による比較では北海道と樺太が別物と確信をもって言い切れるのだが、計測値による比較では別物と断定することにはためらいがあった。北海道の標本数がもっと多かったら、統計的に別物であると判定できそうだった。そこで、繁殖期に採集された標本のうち幼鳥と判定された標本を抽出して、成鳥に判定替えできないか精査した。成鳥の標本数が増えたら有意差ありに判定が変わるかもしれないと期待しての姑息な努力である。しかし、再点検しても幼鳥から成鳥に移籍できたものは無かった。無いものは無いのだから仕方がない。

計測形態ルートの難問で悩みが深まり始めたところで、一週間の水入りがはいった。対馬に出かけてカラスの調査をする予定が組まれていたからである。環日本海の南の断点である対馬は、前年夏までずっと盲点であった。環日本海の北の断点、樺太にのみ視線が集中していた。しかし、二〇一〇年という「抱卵」の一年に転機がやってきた。抱卵中の親鳥が手持無沙汰に、普段なら目にも留めないようなものに気づいたかのように。

対馬はジャポネンシスの九州とマンジュリカスの朝鮮半島の間に位置している。どちらのカラスが生息しているのだろうか？　対馬の鳥情報を探してみるが、印刷刊行物には発見できなかった。しかし、対馬野鳥の会のホームページに手掛りがあった。そのなかの見聞鳥リストを見ると、ジャポネンシスもマンジュリカスも載っていた。二亜種がサハリン島（長辺九五〇キロメートル）よりはるかに小さい対馬（長辺七〇キロメートル）に同居しているらしい。亜種間での交雑が起きているのだろうか？

前年秋から対馬への調査行を準備してきた。繁殖状態を見るには秋や冬に行っても無駄なので、繁殖期が始まる三月前半まで待っていた。車を持ち込んで機動的に動き回り、全島でカラスの生息・繁殖を調べた。対馬野鳥の会の幹事からカラス事情を聞くことができた。対馬猟友会会長にカラス採集への協力を打診し、明るい見通しが得られた。

成果満載の調査行になったが、特筆すべきは対馬南島中央部での繁殖観察だった。厳原から海沿いに少し南下してから、矢立山の南麓を通る山道に入った。山道への入り口で繁殖中らしいハシブトガラスを一つがい観察した。亜種ジャポネンシスのようであった。この後の峠越えではカラスを認めなかったが、長い坂道を下っていって内山地区の集落に入る手前で、ハシボソガラスの一つがいに出会う。巣は見つからなかったが、繁殖しているらしい。集落の中央部に入るとハシブトガラスの声が多い。車を停めて、徒歩での調査に切り替える。

中心部といっても農家が密集しているわけではなく、耕地を挟んで農家が散在している感じである。農家の庭先や耕作地の端に落葉樹があって、複数のハシブトガラスが活発に動いている。複数といっても二羽とか四羽ではなく、六羽とか七羽が動き回っている。聞こえてくる音声はハシブトガラスにしては少し声が柔らかく、微かだが濁った感じがある。これらは若鳥中心の浮動群だろうか。複数の繁殖つがいだとしたら、なわばりの境界画定でもめているのではないか。険悪な声が聞こえたり、露骨な攻撃行動が観察されたりするはずである。しかし、そのような場面は観察できなかった。巣らしきものを三つ見つけたけれど、それらは五〇メートルと離れていなかった。亜種マンジュリカスかもしれない。あまり長居をしていては対馬全域のラインセンサスができなくなるので車に戻る。内山地区の西の外れで、繁殖中らしいハシボソガラスに出会った。

更に進んで、南島を横断した西の端、佐須瀬という集落に着いた。ここでも徒歩での調査を行い、ハシブトガラス二つがいの営巣を確認した。巣間距離は七五メートル以下で、半時間の観察中に争いはなかった。

5　未明のAHA!!

対馬から戻れば、中断していた計測形態ルートの難問との闘い再開である。頭骨小変異ルートから突破口が開けたが、本命は計測形態のルートである。こちら側で三つの課題（ロシア側の三地域間での形態変化の根拠、外れ値の理由、標本数の少なさ）を解決しないことには、マンジュリカスの謎の全容解明にならない。

集中的に作業を続けていると、だんだんと脳内で思考濃度が上昇していくようである。私がやっているのは、完成図のないジグソーパズルのようなもの。辛抱強く続けてゆけば、部分的に完成したピース群が増えてゆく。どれにも仲間入りできないピースが減ってゆく。あるところまで減っていけば、完成図が浮かび上がってくるだろう。鍵となるピースがピース群間の接着剤の役割を演じて、パズルは解決を迎えるだろう。ゲームとしてのジグソーパズルでは、すべてのピースが揃っていて、完成図も提示されている。しかし、自然科学のジグソーパズルでは、すべてのピースが揃っていないし、関係のないピースが混入している。当然ながら、完成図もついてない。

思考濃度が臨界点を越えたら、直ぐに結晶化が起こるわけではない。攪乱要因が少ない状況下で結晶化は突然始まるらしい。奇妙に聞こえるかもしれないが、攪乱要因とは意識の集中だと思う。集中することでピンポイントしか見えないという視野狭窄に陥ってしまう。視野狭窄から解放されるのは眠っている時だ。

半月ほどの試行錯誤が続いた後の四月十二日、夜半の半覚醒状態の蒲団の中で結晶化が起きた。まず、対馬南島の内山地区が夢の中に現れた。複数のハシブトガラスの声と姿が聞こえる。しばらくすると場面が変わり、田舎の小さな集落の中央部、三羽以上のハシブトガラスが見える。落葉樹に若葉が吹き出し始めている。未舗装の雨でぬかるんだ路上で餌を探しているカラスはたびたびウォーキングをしている。木の上で休んでいるのもいる。対立や喧嘩はない。アッ、ここはポロナイスクの南の集落だ。不意に、場面は内山地区に戻る。集落に入る前と集落を出る場面が現れる。どちらもハシボソガラスだ。次の瞬間に樺太に戻る。集落の外れの海岸でカモメの群れの中にハシボソガラスがいる。しかし、ハシブトガラスはいない。

次に場面は四十年前に飛んで、オリンパス光学の研究開発部が現れた。大学を卒業した後三年間、ここで仕事をしていた。私が十二指腸用の内視鏡を設計している。胃カメラ用に設計された光学系の設計図を見ながらコンピュータへの入力情報を編集している。胃カメラ用は焦点距離が一〇ミリ、十二指腸用の設計指示書では焦点距離が七ミリとなっている。胃カメラの設計データに〇・七をかけたデータセットを用意している。ここで場面が飛んで、形態計測の多変量解析、二次元プロット図が現れる。内陸部、間宮沿岸部、樺太が一直線上に並んで、内陸から樺太に向かうにつれてサイズが大きくなっている。突然、時間的に隔たった二場面が、何かの力でかき混ぜられ混濁状態になった。

この時、目が覚めた。とんでもない夢を見たらしい。蒲団の中で、今見た夢を初めから終わりまで再現しようと必死になる。更に、再現したものを理解しようと、頭の中を引っ掻きまわす。夢の前半が意味するものは簡単に納得できた。樺太と対馬内山地区の光景は、自分が何年もかけて観察した日本列島内のカラスとは真反対のものだった。日本の農村では集落内はハシボソガラスの天下、集落の外れの山林がハシブトガラス（亜種ジャポネンシス）の指定席である。そしてブトもボソも隣接の繁殖個体に攻撃的で、上空を通過するカラスにも威嚇や攻撃をした。そうした攻撃行動は繁殖期に顕著だが、非繁殖期でも強度は低下しても続いていた。そのようにして、なわばりは一年中維持されていた。日本列島内と真逆に行動している対馬内山地区のハシブトガラス、樺太のハシブトガラス、彼らは亜種マンジュリカスに違いない。別亜種だから、隣接つがいにたいして宥和的であり、声は軟らかく微かに濁りがあるのだ。

しかし、後半は何を意味しているのだろうか。しばらく考えて二つの場面の共通項に気がつく。係数倍である。四十年前の場面、完成された胃カメラを係数倍したデータセットを出発点にして十二指腸カメラを設計しようとしていた。現在の場面、二次元プロット図では三地域間でだんだんとサイズが大きくなっている。そうだ、直線的にサイズが大きくなったのは、係数倍されたからだ！　突然、すべてが判ったような気分になった。なかなか姿を現さなかったジグソーパズルの鍵ピースが浮かび上がってきたのだ。係数倍が結節点になって、部分的に完成していたピース群は連合の相手を次々と見いだしていく。

真夜中だったが、私は蒲団から出て机に向かい、今見た夢を記録し、降ってわいたアイデア、係数倍に関連する事柄を残らずメモする。さらに思いついたことを、関連を無視して書き下ろした。こうしておけば、「朝になったら忘れていた」という悲劇は起こらない。再び蒲団に潜り込んだ時はホッとした気分だった。謎が解けたという手応えを感じた。まだ開放感に浸れる段階ではないと気を引き締めつつも、果てしない藪こぎが終わりに近づいているのは確実だった。

翌朝より係数倍の証拠集めを始めて、二週間ほどで一応の資料を揃えることができた。鳥類学を研究している者たちにたいして発表するに足りる程度の水準になってきた。ただし投稿論文の欠陥を鵜の目鷹の目になって探す査読者にたいしては多分に脇が甘いと思った。ともあれ四月十二日未明のＡＨＡ！によって、ハシブトガラスの謎は基本的には解決された。ジャポネンシスは北海道を北限とし、マンジュリカスは樺太を東限としている。マンジュリカスはウスリー・アムール流域より間宮海峡の大陸側沿岸部へ、さらに樺太へと分布域を拡大した過程でステップクラインを形成した。ステップクラインとは、段階的に形態が変化してゆくことである。気温・降水量の季節的変動が大きく、繁殖期が短い内陸では幼鳥の成長期間が短くなり、小さなサイズ（軽い体重、小さな嘴）の亜成鳥、成鳥になる。季節的変動が小さく、繁殖期間が長い樺太では大きなサイズ（重い体重、大きな嘴）になる。餌事情も内陸部より樺太の方が良いのだろう。大きな山脈や海峡が地理的障壁になると同時に、気候の区切りともなっている。頭骨小変異ではこれら三地域群の間には差異が無かった。遺伝的に同一の集団であるからだ。

北海道がジャポネンシスの地で、樺太、間宮海峡大陸側沿岸、ウスリー・アムール流域がマンジュリカスの地であるとしたら、これまで謎めいて見えた事柄に簡明な答えが出せる。採集旅行中、樺太でも大陸側でも、繁殖中の雄が巣の近くの目立つ所にとまって監視活動をしている場面に出会わなかった。営巣は集落の周辺でなしに中心部でなされ、隣の巣との距離が近すぎるように思えた。地上での移動ではホッピングだけでなしに、ウォーキングもしていた。これらは日本国内に生息する亜種ジャポネンシスがやらないことであった。採集旅行で出会ったカラスが亜種マンジュリカスだから、行動が違うのだ。『サハリンの鳥類』にネチャエフは二亜種と考えていた大小二タイプの繁殖生態を詳細に記述していた。比較してみると、ほとんど同一内容であった。同一であったのは、身体のサイズが大きいのも小さいのも、同系統のマンジュリカスだったからである。

樺太標本の中に含まれていた「外れ値」についても、以上の枠組みの中で説明が可能になった。「外れ値」の個体は樺太では著しく小さいのだが、沿海州ウラジオストクでは標準サイズのカラスであった。だから、沿海州で生まれ育ち、亜成鳥の段階で樺太に移住したと考えるのが自然である。樺太は同じ系統の亜種マンジュリカスの地なので移住が容易だったのだろう。同種とはいえ、系統の違うジャポネンシスの地、北海道への永久移住の例は確認されていない。

ネチャエフが樺太で出会った小さいハシブトガラスを亜種マンジュリカスと判断したのは正しかった。彼はウラジオストクに長く住んでいたので、マンジュリカスを見間違うはずがなかった。残念なのは、彼が日本列島のジャポネンシスを観察した経験がなかったことである。ジャポネンシスの観察経験があったら、樺太に生息するハシブトガラスは大きいものも小さいものもすべてマンジュリカスと判断できたであろう。

係数倍というのは生物学の世界では耳慣れない言葉である。しかし、光学系の設計者の間ではよく使われる手段であった。既に完成したものがあるなら、それを係数倍してから、微修正で済ますのが一番効率的であった。ゼロから新しい光学系を設計するとなったら大変な手間がかかるのだ。生物の世界でも、係数倍的修正による新環境への適応がなされていても不思議ではない。新環境に適応するために適応的な突然変異の発生を待つなどという戦略は非現実的である。突然変異は方向性がないので、都合の良い突然変異は滅多に起こらない。突然変異というあてにならないものに期待して将来計画を策定するのは、宝くじで三億円が当たるつもりで明日の生活設計をするのに等しい。

ある鳥類が周辺に分布域を拡大した場合、新たに進出した地域の環境はもといた地域と少しばかり異なるものである。新環境に最適化するために微修正する必要に迫られる。このときに一番お手軽なのが係数倍である。既にあるシステムは自然選択に耐えた成功したシステムである。それをそのまま利用して、少し大きく、または少し小さくして新環境へ適応してゆく。遺伝子の修正なしに、発生の調整だけで済むだろうから申し分ない。このような係数倍による適応は、環境の連続性が高い隣接地域への「にじみ出し」型の分布域拡大で有効だと思う。にじみ出しはランダムウォーク的に無方向に起きるが、環境のバイアスは特定方向に向かうものである。気候が内陸部から樺太に向かうにつれてマイルドに変わっていったように。その結果、クラインが形成される。途中に地理的、気候的段差があれば、階段状のステップクラインになる。

二〇〇六年春に始まった研究は二〇一一年の桜の花が散り終えた頃に、ほとんどの謎が解けて終了となった。答えは「係数倍による新環境への適応」である。しかし、これだけでは誰にも理解してもらえない禅問答のようなもの。万人が納得できるように論理を組み立て、必要十分な証拠を用意しなくてはならない。科学研究では謎を解いた段階の先に、論文化して学術誌に投稿し受理出版に漕ぎつけるという仕事が待っている。その過程で良質な編集者や査読者に出会えれば、より完成度の高い作品に仕上がるだろう。研究は論文として学術誌に載って初めて成果が確定する。成果を確定しておかないと、私と似たような疑問を持った酔狂な奴が研究のためにとカラスを沢山殺すことになりかねない。無用な殺戮の歯止めにもなるだろうし、私が殺めたカラスの供養にもなる。

コラム

ロシア側の三地域間比較と樺太・北海道比較

左ページの上の図はマンジュリカスの三地域間比較である。シルエットが示すように内陸部から間宮海峡沿岸部を経て樺太に向かうにつれて、小柄から大柄に変わっている。数値は体重と嘴長で、左が雄、右が雌である。それぞれの地域間で一〇〇グラムずつ体重が増加しているのが読み取れる。段階的に増えているので、ステップクラインと呼ばれる。この変化に対応しているのが気象要因（気温や降水量の季節的不安定さと変動の激しさ）だった。内陸ほど大陸性気候を示し、冬の乾燥と寒冷が厳しく長い。春が遅いから繁殖の開始が遅れる。繁殖期の気象が不安定で、子育てに必要な餌の確保が難しい。秋も早く到来する年があって、子育てに長い時間を取れない。こうした傾向は東に進むにつれて、海側に進むにつれて緩和されてゆく。海洋性気候の樺太でサイズが一番大きくなる。最終氷期が終わった後の北方への植民の過程は内陸部から沿岸部に、さらに樺太へと進んだので、身体の基本設計は同一であった。進出先の環境に最適化するために係数倍化という微調整がなされた。

下の図は樺太と北海道の比較である。体重と嘴長に合うように描かれたシルエット、樺太側

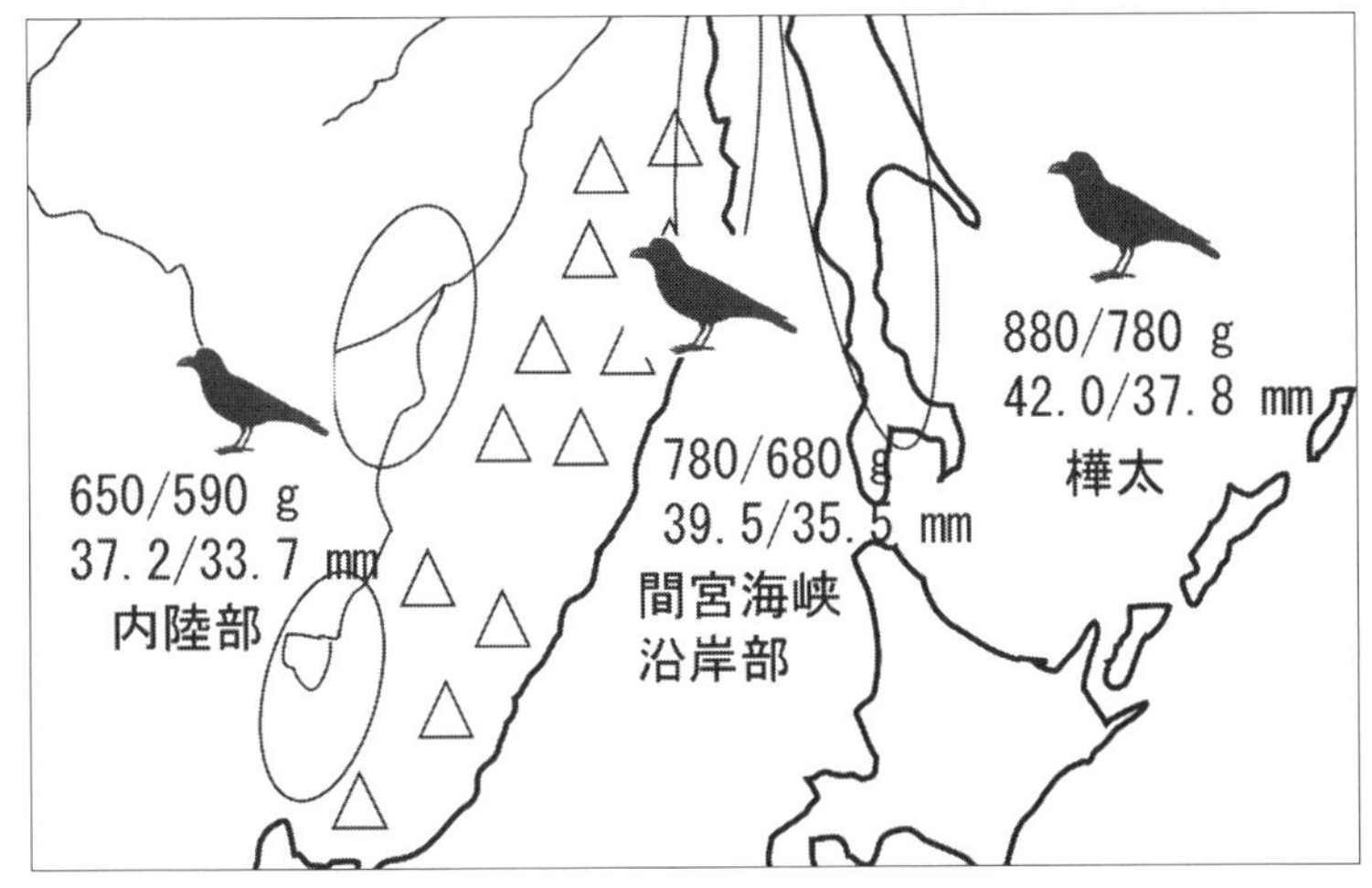

最終氷期が終わった後、亜種マンジュリカスの分布域拡大で生まれた3地域群の体重と嘴長を比較すると、内陸から樺太に向かって段階的に大型化しているのがわかる（左が雄、右が雌の平均値）。

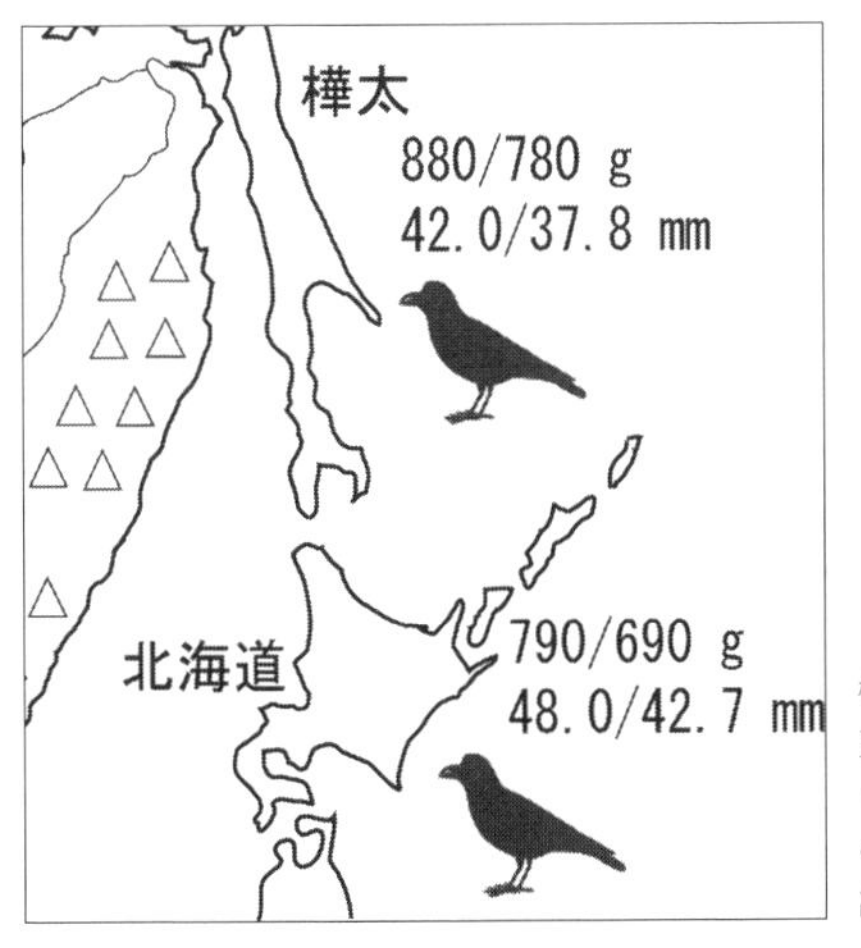

樺太の亜種マンジュリカスは北海道の亜種ジャポネンシスに比べて体重が重く、嘴が小さい（ベルクマン・アレンの規則が成立）。双方の祖先集団の隔離は最終氷期の開始時に遡る。

の体型はズングリして重く、突出部の嘴は短めになっている。ベルクマン・アレンの規則に合致している。両地域の形態の違いを説明するには気象要因だけで済みそうである。寒冷な気候の厳しい樺太側で体重がより重く、突出部の嘴がより短くなっているのだから。しかし、ここには十万年とか、二十万年という長い隔離の歴史が潜んでいる。氷河期が始まった時、大陸側を南下したのが樺太側の祖先集団であり、北海道側の祖先集団は日本列島沿いに南下して、氷雪に覆われた北方地域から避難したのである。宗谷海峡を挟んでの現在の隔離よりも遥かに空間的にも環境的にも大規模な隔離の歴史が、樺太・北海道間の形態差を生み出した。ロシア側の三地域間のステップクラインが一万二千年前から始まった後氷期の出来事であるのとは訳が違う。

第６章　学際協力

葛飾北斎の群盲象評図は学際協力のコンセプトを雄弁に表現している。同一の対象を調査研究しても、専門分野によって見えるものは違ってくる。

象を観察する機会を得た盲人たち。彼らは好奇心旺盛で、巨大な生き物に臆するところがない。牙、鼻、足、腹、尻尾と熱心に探索している。首や背中に登るバイタリティあふれる者もいる。この絵に描かれた盲人たちは象の実体を知ろうと、果敢に知的冒険を行っている。
（葛飾北斎『北斎漫画』八編　国立国会図書館デジタルコレクション）

1　思いもかけぬ共同研究者との対立

共同研究者のクリュコフとは必要に応じてEメールでやり取りをしてきた。二〇一〇年早春にはミトコンドリアDNA分析から得られた系統樹の試作版が届いている。その年の秋に彼が日本に来た時には、会ってお互いの研究の進み具合を伝え合った。その段階での形態学から得られた成果や困難を彼は理解していた。

二〇一一年の春、AHA!を体験した時に、昨年の九月とはかなり違った結論に向かうことが確実になった。この時点で見込みや予測でもいいからクリュコフに連絡しておけば良かった。ところがハッキリした図表や結果の箇条書きが完成してから新展開の説明をしたほうがいいと、連絡を二カ月も先送りしてしまった。

六月の下旬に「形態論文の骨子を七月上旬に送ります」と予告のメールを送った。予告したのは、私の形態論文が以前とは違った方向に向かっていることが確実になったからだった。樺太のハシブトガラスはすべてマンジュリカス、ロシアの個体群間の差異は係数倍の微修正で説明可能、二亜種の境界は宗谷海峡であるといった主張は前年九月にクリュコフに話していたものとは大違いなのだ。そのような大幅な変更があったからこそ、丁寧な資料を用意したかった。そして、十分に校正と点検を済ましたものを七月三日に送った。そのメールには、九月の日本鳥学会大会で共同発表したい旨も書き添えておいた。彼からの返事はなかなか来なかった。

ようやくにして七月十二日に返信が届いたが、その内容は息が止まるようなものであった。実は、クリュコフの分子系統学的分析に基づく論文はほとんど完成していたのである。その論文では、ハシブトガラスの遺伝子のタイプは大陸系と島嶼系に分けることができ、樺太の中部には二グループの境界線が想定されるというものであった。シュミット線という植物や移動能力の低い動物で認められた境界線が、樺太の中央部を北北東から南南西に袈裟懸けに走っている。この生物地理学的境界線とカラスの遺伝子タイプの境界線が重なるという。私のやってきた形態学からのアプローチは宗谷海峡が明瞭な境界になるとしているわけだから、彼の結果や解釈とえらく食い違う。

お互いが食い違っているのを知らずに進めるところまで進んで、そのあとで連絡を取った。進んでいる方向が違っていて、結果の解釈も違っているのに気づいた。クリュコフの返信が遅れたのも無理はない。この事実をクリュコフは七月三日に、私は七月十二日に知った。お互いに面食らった。クリュコフの論文は完成しており、投稿前の英文の校正を受ける段階であった。こんな段階で、共同研究者から全く異なる形態学的分析結果が送り付けられたわけである。彼はミトコンドリアＤＮＡの分析結果に自信を持っていた。結果に基づく考察は正しいと確信していた。共同研究者の私から簡単に賛同が得られるものと思っていた。ところが形態学ルートから異なる結論が提示された。どう対応したらよいか迷ったのだと思う。

彼は返信で、形態からの結論に同意できないと伝えてきた。また、大会発表には名前を連ねないとあった。クリュコフは二〇〇六年以来の友人であり、北東アジアのハシブトガラスの研究で相補的な協力関係を続けてきた。これまで意気投合して仲良くやって来ただけに、突然浮上した彼との見解の相違に動揺した。私がこれから作る形態論文に、彼が第二著者として関与するかどうかも不透明になった。最悪の場合には、協力関係の解消も覚悟しなければならない。地面が地鳴りをたて激しく揺れ始めたような感じだった。しかし、翌日には立ち直っていた。まず着手したのは当面の方針を策定することだった。

・クリュコフとの見解の相違には、粘り強く冷静に対応する。
・孤立無援になっても、形態についての論文は完成させる。
・形態論文の基本的論点を撤回する必要はない。

形態論文の完成に向けてアクセルを踏み込み、ギアを一段階高めることで難局に向かっていった。七月二十四日に人と自然の博物館で日本鳥学会員近畿地区懇談会があるのを思い出し、企画者に飛び込みの発表を願い出た。了解されて、発表に向けて準備を始める。鳥学会の大会発表より大衆的な場である。丁寧に理解してもらいやすいようにプレゼンテーションの準備をしてゆく。スケールアップ（係数倍）仮説をどのように説明したらわかりやすく伝えることができるかで苦労した。

仕上がったパワーポイントのファイルをクリュコフに送付した。七月三日に送ったファイルより完成度の高いものを送ったのは、辛抱強く食い違いを克服してゆきたいという私の気持ちを伝えるためである。数日後にはクリュコフから返信があり、そのトーンは七月十二日のものより柔らかくなり、気配りが感じられた。

地区懇談会での発表では数名から質問や意見が寄せられた。こちらがふらついたり尻もちをついたりするような強烈なパンチは飛んでこなかった。それでも発表したから質問や意見が得られたのであり、九月の大会発表にむけてバージョンアップする手掛りが得られたことは有難かった。

懇談会が終わって数日後、クリュコフから最終原稿が送られてきた。こちらから送った形態学的分析の結果への反論と思われる補強が追加されていた。イントロも結果も引っかかるところがあったし、考察では受け入れがたい部分があった。共著者の一群の中に私が入ることに抵抗感があった。彼にメールを送り、済州島の標本に関する記述に賛意を示した。彼が系統樹をつくったところ、済州島だけ高い信頼度の分岐が確認されたくだりである。原因が島嶼でのボトルネック効果によるという考察は正しいと思った。しかし、遺伝子型の大陸系と島嶼系への二分論には保留を、樺太中部境界論へは不同意を告げた。

九月の初めに北大の鈴木仁に鳥学会大会で発表する予定のパワーポイントのファイルを送った。彼がクリュコフとの論争の仲介者になることを期待した。数日後に届いた返答は半分失望、半分納得という内容だった。彼の後氷期における再定住の過程についての理解はクリュコフと同じで、二亜種の境界は樺太中央部という主張を受け入れていた。鈴木がクリュコフの考察をほぼ全面的に支持していることには失望したが、留意すべき助言が添えられていた。「分子系統と異なる結果が形態の分析から出てきたのなら、論文として成果を確定しておくのが賢明です。また、分子系統は分子系統として共著者に名前を連ねておいて何の支障もないでしょう」と記されていた。豊かな知恵と経験が醸し出す、冷静でバランス感覚のある判断であった。確かに、考察での不一致を理由にクリュコフ論文の共著者を辞退するというのは直情的過ぎる。

数日間、善後策を温めた後で、クリュコフに原稿への対応を伝える。分子系統の分析から得られた考察に対しては態度を保留し、反対はしない。そして共著者として残る。この対応が正しかったことがわかるまでに三年の時間が必要だった。

形態と分子系統の結論の不一致に直面した時、当初は「どちらが正しいか」という問題設定に終始していた。「科学的な真実は一つなのだから、どちらかが間違っているのだ」という素朴な発想であった。そのあと論文化の作業をしてゆく過程で多くの文献にあたってゆくと、形態と分子系統が一致しない場合が時としてあることがわかってくる。二年ほどした頃に気がついた。問い方が間違っていたのだと。「どちらが正しいか」ではなく、「なぜ、両者が一致しないのか」と問うべきなのだと。問題設定が誤っていると対立しか残らないが、正しければ正解と和解が得られる。

群盲象評という故事がある。ある金持ちが南国より象を連れ帰ってきた。慈善事業として沢山の盲人を招待し、象を知ってもらう場を設けた。一人で全体をくまなく触ることができなかったので、それぞれは象の体の一部分だけを触って象というものを実感した。そのあとで皆が集まって象について話し始めると、当然のことながら象についての理解が各人各様に異なった。「象は冷たくて硬い」、「象は巨大な温かいうちわのようだ」、「象は太くて長くてクネクネして自在に動く」、「象は大黒柱より太くて、ごわごわした手触りだった」云々と各自の体験のみに基づいて、象とはどんな生き物なのかを説明した。初めは不一致に驚いて論争が始まるが、すぐに全員が気づいた。自分は象の体の一部分を触っただけであったことに。そこで、全員の報告を統合してゆくと象が姿を現すことになった。全員が部分的には正しく、その結果を正しく組み合わせたことで真実が一体性を獲得した。この四文字熟語に含まれる「盲」という文字と、盲人が言い争う場面に注目する人は差別表現であると眉をひそめるかもしれない。しかし、章トビラの葛飾北斎の絵や、この故事の全体を詳しく見るなら、障害者を侮辱する意志は認められないと思う。どちらも、盲人たちの知的冒険に喝采を送っているように感じる。

この故事に込められた寓意は、学際領域の研究をする者たちにとっても示唆に富むものである。私とクリュコフの対立と和解は群盲象評の故事にピッタリだった。形態学からのアプローチも分子系統学からのアプローチもそれぞれに正しい結果を出していた。それらを正しく統合できれば、形態学だけでは、分子系統学だけでは到達できない新地平に辿りつける。異なる研究分野がコラボレートする場合の見本になるような事例であった。

クリュコフとの対立は七月の前半に突発的に出現し、九月の中頃には表面的に終息となった。もちろん、双方が完全に納得するまでにはさらに長い時間が必要だったけれど、協力関係は継続されることになった。雨降って地固まる、喧嘩を経験することで友好関係は深まった。

2　新たな証拠の出現

この年、九月の鳥学会大会では形態比較の総まとめとして口頭発表をした。論文を書き始める前のスパーリングのようなものと軽く考えていたが、思いがけないご褒美がついてきた。

鳥学会大会で久し振りに玉田克巳に会えた。彼は出張費も参加費も支給される機関所属の研究者だから毎年参加している。久し振りになるのは私が参加していないからである。口頭発表を聞いてもらえたので、北海道標本がどのように活用されているかが理解してもらえたらしい。その後、懇親会で話す機会があった。彼への貸し出しの依頼はEメール頼みだった。直筆の手紙やはがき以上にEメールというのは情緒的面での情報量に乏しい。人間のコミュニケーションでは非言語的要素が八割以上を占めるのだということを聞いたことがある。人類の歴史四百万年の長さの中で、文字の登場は数千年前、Eメールは数十年前の日の浅い代物である。面と向かって話し合えたことで、お互いに理解を深めることができた。それだけでなく、北海道標本の残り半分も利用して良いとの提案が飛び出してきた。寝耳に水、びっくりした。これまで、二回借り受けてきた北海道標本は彼が保管しているすべてだと思っていた。半分残っているなら、論文作成での弱点である標本数の不足が解消されるかもしれない。他地域と比較した時に、北海道標本の少なさが統計的処理の足を引っ張っていた。慎重な彼は、格別の思い入れのある標本がどのように利用されるのか見きわめたかったのだと思う。口頭発表を聞き、直接会って話もしたことで、全標本開示に踏み切ったのだろう。
　暫くして三回目の借り出しが実現した。宅配便が届いた時に箱の大きさで全標本が詰まっているのがわかった。急いで繁殖期に採取された成鳥だけを慎重に選び抜く。間違いのないように、この作業を三度繰り返した。それらの形態の計測や小変異の鑑定でも、不注意なミスが混入しないように確実な作業を心掛けた。得られた結果をデータテーブルに追加入力する。予想どおり、標本数はほぼ倍に増えた。統計検定をやり直すと前より高い確実さで仮説が支持された。やや心細さが残っていた北海道に関する証拠が盤石なものになった。

　論文を準備していた過程でもう一つ興味深い標本が出現した。翌年、二〇一二年の初秋、国立科学博物館の西海功から宅配便が届いた。彼が大阪市大の大学院生だった頃からの旧知の仲であるが、共同で何かをやっているわけではなかったので狐につままれたようだった。開いてみたらカラスの頭骨が出てくる。九月の日本鳥学会大会に参加したクリュコフが、彼に頭骨の配達を頼んだのだった。六月にクリュコフはアムール川の中上流域にカラスの採集旅行に行った。クリュコフはしばらく前よりハシブトガラスが生息域を西と北に拡大していることに関心を示していた。地球温暖化の影響であろうか、これまでは繁殖北限は北緯五四度（樺太の北端）と見なされてきたが、更に北の北緯六〇度、マガダンで地元のバードウォッチャーが繁殖を確認したらしい。西限は東経一二〇度アムール川の支流、アルグン川のあたりと言われてきたが、これまたさらに西の東経一〇五度、バイカル湖のあたりでも繁殖が報告されていた。こうした事情があって、アムール川上流域でカラスを採集することになったらしい。二〇一二年夏のことで、私は参加できなかったが、彼はアルグン川西岸まで足を延ばしてカラスを採集してきた。

彼が欲しいのはＤＮＡの試料だから血液なり筋肉を少量採取するだけであったが、有難いことに頭部を切り落として持ち帰ってきてくれた。さらに、日本に持ち出すために、骨の折れる頭骨の標本化までしてくれたのである。彼から送られてきたアムール川上流域の頭骨標本を手にした時には身震いが起きた。その小包は、われわれがスターリィ　ドゥリック（古い友人）であることを証していた。中の標本には、形態学と分子系統学のコラボレーションを前進させようという彼の期待がこめられていた。さっそく形態計測と小変異鑑定を注意深く行った。得られたデータを追加入力する。

この標本が追加されたことにより、新たな比較が可能になった。シホテアリニ山脈のような地理的障壁がないが、気候的にかなり異なる地域間での比較である。ウラジオストク周辺は冬季の乾燥寒冷が厳しいとはいえ日本海に面している。ウスリー川沿いの平地でつながるユダヤ自治州では大陸性気候が一層強まる。そこから一〇〇〇キロメートルも北西のアムール川上流域は日本人には想像できないくらい冬が長く厳しい。その北隣は地球の冷凍庫と言われる極寒の地なのだから。この三地域間で小変異の出現率を比較したところ、差異は無かった。同一系統のグループであると考えてよい。計測形態を比較したら、ギリギリだけれどもユダヤ自治州と上流域の間に有意な差異が確認された。アムール川でつながっている二地域だが、気候の差が形態に反映されている可能性が高い。苛酷な気候の上流域では体のサイズが小さくなっていた。残念なことが一つあった。採集時に体重の測定がされていなかったのである。しかし同一の亜種に属しているなら体の設計は同じであろう。体のサイズは体重に対応して変化していると見なしても大過ないだろう。

カラスは鳥綱、ヒトは哺乳綱だから簡単な類推は禁物だが、より寒冷なアムール川上流域で体が小さくなっている事実は興味を惹いた。もっと西のバイカル湖のあたりの連中はもっと体が小さいのだろうか。実はバイカル湖周辺は旧モンゴロイドが寒冷適応して新モンゴロイドに進化した地域と考えられている。超がつく寒冷乾燥気候に適応するための最適解はベルクマン的規則に従った体の大型化ではなかった。ある程度までの寒冷気候なら、西岸海洋性気候の北欧で進行した体の大型化が有効だったのだろう。しかし、東シベリアの寒冷さは段違いである。小型化してズングリムックリになるのが適応的だったらしい。地球の冷凍庫といわれる極寒地周辺のカラスの形態、生理、成長過程を研究したら面白いことがわかりそうである。

3 新しい地平

二十世紀の中頃には物理学でこの宇宙のすべてのことが、生物のことも含めて何でも説明できるという楽観論が蔓延した。あまり調子にノリ過ぎたので、物理学帝国主義などと揶揄された。宇宙は、自然は、生物界はあまりにも巨大で多面的なので、学問の一分野だけで、すべてを理解できるはずがなかった。釈迦の手のひらで駆けずり回った孫悟空と変わらない。新世紀に入る頃から分子生物学が絶頂期に入り、遺伝子で何でもわかるという信仰が生まれ、物理学と同じ轍を踏みつつある。かつての物理学よりは控えめで、宇宙は外して生物界に限定しているが、身分不相応な大風呂敷であることには変わりない。北方のハシブトガラスの研究では、分子生物学の一支流である分子系統学と形態学のコラボレーションが成功した。前者が尊大さを抑制し、後者が卑屈さを排除したからであった。

分子系統学の分析で利用されるのは、遺伝子の塩基配列に起きた突然変異の数である。突然変異はランダムに起きるのだが、完全にランダムな故に一定時間に一定数の突然変異が起きると想定できる。それゆえに突然変異の数を比較することで、二系統が分岐した時期を推定することが可能になる。

遺伝子によるアプローチの強みは、一度起きた塩基配列上の突然変異はいつまでも消えることなく残ることである。氷期の時も間氷期の時も、一定の割合で突然変異が積み重ねられてゆく。齢とともに増えてゆく顔の皺が栄養や精神状態に影響されるのに比べ、突然変異の数の増加は環境の影響を受けない。だから数十万年とか、数百万年単位での比較に威力を発揮する。しかし、個々の突然変異がいつ起きたかの記録は残されていないという大きな弱みがある。

頭骨を利用した形態学的アプローチにより、北方のハシブトガラスは二系統に分けられることが明らかになった。ジャポネンシスに相応するのは北海道に、マンジュリカスに相応するのは大陸側と樺太に生息していることが判明した。最終氷期が終わった一万二千年前から現在に至る後氷期におけるハシブトガラスの北方再定住について、かなり確度の高い予測が可能になった。

しかし、形態でのアプローチには弱点がある。上書き前の状態を推測するのがとても難しい。デズモンド・モリスの『マンウォッチング』に、マイケル・ジャクソンの二枚の写真が載っている。デビュー直後で無名に近い時期の顔はアフロ的で男っぽく、快活である。もう一枚は誰もが知っているマイケルで、少年の趣が漂うユニセックス的な容貌に変わっている。整形手術後の顔から、手術前の顔を想像するのは不可能に近い。彼は形態を劇的に変化させることで、音楽界への適応に成功した。一般に、直面する環境の変化に適応的に対応する必要から形態が変化したとき、前の形態を推測するのは容易ではない。だから、直近の過去である後氷期の変化をたどるうえでは形態学は有力であるが、それ以前の最終氷期の頃、さらに遡って最終間氷期の頃の形態を議論するのは容易なことではない。

分子系統学と形態学、いずれにも長所と短所がある。二つを組み合わせ、更に他の分野の成果を取り込んでいけば、群盲象評、確度の高い全体像に到達することができる。今回の場合、他の分野とは古気候、古植生、古地理であった。

地球の温暖化が危惧されるようになった頃から、気候変動の研究が急速に進み、新しい知識が次々と得られてきた。地球は二百五十万年前の頃より、氷期と間氷期が約十万年の周期で繰り返されてきた。ツンドラ、砂漠、草原、森林などは想像を超える規模でその分布を変えてきた。

氷期には大量の海水が陸上に氷として蓄えられるために海水面が大幅に低下した。最終氷期は八万年前に始まり一万二千年前に終わった。最寒冷期には海水面の低下は一二〇メートルにも達している。これだけ下がると、対馬海峡、朝鮮海峡、宗谷海峡、間宮海峡は完全に陸地化してしまう。日本海は内海に変わり、暖流が入らなくなるために環日本海地域の寒冷乾燥が強まる。北方からマンモスが樺太経由で北海道に来たのもこのような時期である。今回、ハシブトガラスを採集してきた極東ロシアの地域は、厳しい寒気や氷雪の影響で森林が消滅してしまった。北部ではツンドラや僅かに疎林をともなうステップに変わり、内陸では寒冷型の砂漠が広がり、ハシブトガラスは繁殖できなくなった。環境の変化に対応できなかった集団は絶滅したであろうし、対応して南方に逃れた集団は生き延びることができたかもしれない。いずれにしても、ハシブトガラスは寒冷化の進行に伴い、南方へ、南方へと追い立てられていった。

日本海地域からほぼ完全に追い出されて、最寒冷期には九州南部と東シナ海の避寒地（Refugia）に閉じ込められた。実は海水面の大幅な低下で朝鮮半島と九州が陸続きになっただけでなく、東シナ海の大陸棚のうち浅い部分が陸地に変わった。この南縁を黒潮が流れていたので沿岸部は暖かく、照葉樹林が発達した。照葉樹林はハシブトガラスが大好きな環境である。南に追い立てられてきたハシブトガラスにとって楽園のような地が広がっていた。大陸側を南下してきたカラスの避寒地と、日本列島に沿って南下してきたカラスの避寒地が一つながりになった。避寒地連合体（One United Refugia）の誕生であり、交雑帯の成立である。大陸系と列島系は別々の避寒地で氷期をしのいだのではなく、一つながりの避寒地で数万年以上生活していたことになる。遺伝子の混交が進み、形態も同一環境の下で似かよったものに変わっていったのだと思う。

氷期が終われば海水面が上昇して、陸地化していた東シナ海の大陸棚が水面下に没する。温暖化に伴い北方に森林が回復して、ハシブトガラスは生息域を北方に拡大してゆく。北方再定住の開始である。朝鮮半島に沿って北上してゆくものと、日本列島に沿って北上してゆくものに分かれる。対馬海峡、朝鮮海峡という地理的障壁が復活し、両系統の交流は絶たれる。北上していった先でも、復活した宗谷海峡によって再会は阻害される。二系統に隔離され、遺伝子の多様化が進み、形態の相違も増加してゆく。避寒地連合体で進行したのと逆の過程である。

一回の気候変動ごとにハシブトガラスがこのような民族大移動を繰り返してきたとしたら、ハシブトガラスの系統樹が枝分かれしていない、単系統であることもうなずける。二〇回以上も氷期と間氷期が繰り返されてきたので、ハシブトガラスはシシュフォスの苦役のように均一化と多様化をうんざりするほど繰り返さなくてはならなかった。遺伝子から大陸系と列島系に区分することが、恣意的であると批判されるほど曖昧になるのも無理はない。避寒地で混交されるからである。氷期が終わった時に、どちらのルートで北上するか個々のカラスは選択を迫られる。個々のカラスが、私は大陸系の出自であるとか、列島系の出自であるとか自覚しているはずがない。成りゆきで、どちらかに進むのだろう。そういう訳で、大陸系の遺伝子型が列島で確認されても、その逆が起きても不思議ではない。

ハシブトガラスの系統樹が単系統であるという二〇〇八年と二〇一〇年の結果は、当時の私の期待を裏切るものだった。樺太に二系統がいて欲しい、北東アジアに二系統がいて欲しいという願いに分子系統学はゼロ回答で応じた。当初は、何の価値もない結果のように見えた。しかし、群盲象評、多くの別の角度から眺めた時、DNAの結果は格別の輝きを発することになった。分岐がほとんど無いという特殊さが、二百万年以上の長きにわたる更新世の気候変動をハシブトガラスがいかに生き延びてきたかを示していた。


遺伝子からのアプローチにより、済州島のカラスだけが他のカラスと違うことが明らかになった。それが隔離された小さな個体群で往々に起きるボトルネックという現象であることは間違いない。済州島と朝鮮半島は幅一〇〇キロの済州海峡で隔てられ、半島寄りの島々と済州島の間には七五キロの海が広がっているから、渡るとなれば休憩なしにこの距離を一気に渡り切らなくてはならない。しかし、済州島と半島の間のカラスの往来は後氷期には無かったようなので、七五キロの海が地理的障壁として機能したことになる。それでは、カラスには済州海峡をダイレクトに渡る飛行能力がないのだろうか？

同じ系統の樺太に住むマンジュリカスは冬季の渡り（一時移住）で、幅五〇キロの宗谷海峡を大挙して渡る。ハシブトガラスより一回り小さいミヤマガラスも冬季の渡りで幅六〇キロの朝鮮海峡を群れで渡る。冬の終わりに秋田で捕獲されて発信機を取り付けられたミヤマガラスは集団で日本海を横断し、五〇〇キロ以上を一気に渡り切っている。ダイレクトに渡る能力があるのに、なぜ済州海峡をカラスは往来しなかったのかという疑問が湧いてくる。

答えは、移住には二種類あるという事実に潜んでいる。一時移住と永久移住は別物なのだ。一族郎党が移動する冬季の渡りは一時移住である。冬の間だけ餌の不足や寒気から逃れるために温暖な地に避難するもので、毎年繰り返され、集団的になされるという特徴がある。群れの中には幼鳥も成鳥も含まれている。この大移動を知らない一歳未満の幼鳥から、何度も経験している成鳥もいる。冬を生き延びるために避寒地に逃げ出すこと、春の繁殖に間に合うように故郷に戻ること、これらは生死をかけるに値する行動である。危険で怖いけれども、幾度も渡りを経験した大人が沢山参加している。

もう一つの移住は永久移住である。こちらは若鳥が独り立ちして繁殖に入ってゆくために出生地を去り、新天地を探し出してそこに定住するための移住である。季節的な渡りのような切迫感はないし、参加者も少なく数羽とか数十羽の目立たないルーズな群れであろう。季節的渡りなら事態は切迫しており、移動ベクトルは揃っていて、経験ある成鳥がリードしてくれる。しかし永久移住では方向が各自バラバラ、仲間は自分と同じ頼りない亜成鳥ばっかり。そんな輩が済州海峡に辿りついた時、危険を冒してまで渡っていくだろうか。

普通ならカツカツでも食べていくことができる出生地側にとどまり、海に飛び出してはいかないだろう。対岸に辿りつく飛行能力があっても、ハイリスクを避ける個体のほうが生き残る確率が高いと思う。ただし、いろいろな条件が重なって爆発的に亜成鳥が大量生産されたり、餌が不足して飢餓が迫ってきたらどうだろうか？　数千年に一度とか、数万年に一度起こるか起こらないかの異常事態、大量の食糧難民の発生である。この時には渡りの季節でなくても、海峡越えが起きると思う。朝鮮半島でこのような非常事態は最終氷期が終わった後、起こらなかったのだろう。

コラム

異端訊問審査官（インディクション・エスパニョーラ）

論文を完成させる作業が、研究活動の最終段階には控えている。論文を書くのは少々窮屈なものだけれど、苦痛というほどではない。問題は、完成した論文を投稿した後の査読者との折衝である。本来は楽しい作業であるはずなのだが、地獄の責め苦を味わわされることがある。

今回の北東アジアのハシブトガラスの研究を振り返ってみる。サハリンや大陸でカラスの生態を観察すること、協力者のハンターと共にカラスの採集旅行をすること、頭骨の標本を作製すること、形態の測定や小変異を鑑定すること、結果を分析して仮説を何度も練り直すこと、複数の新しいアイデアを試した挙句に謎が解明されること、投稿論文を仕上げること。どれも易しくはないけれど、すべてが楽しい作業である。なぜ楽しいかといえば、ここまでの段階は基本的に自由な世界であり、部分的に他者との共同作業が介在してもそれが苦痛になることは少ない。カラスの採集がうまくいかない時や、謎が解明できそうにない時期が続くと相当のストレスを感じる。しかし、耐え難いストレスとは違う。

論文を投稿して審査に入った段階から、匿名の査読者との共同作業が始まる。人間の脳というのは人によって随分と違いがあって、十人十色、別物である。あたりまえのことなのだが、わかっていない査読者が結構いる。さらに悪いことには、自分を客観化して批判的に振り返ることをしない手合いが少なからず存在する。何が面白いか決めるのは俺だ、何が驚くべきものか判定するのは俺だ、結果を正しく解釈できるのは俺だ云々。自信過剰で唯我独尊のこうした手合いをスペイン語圏では異端訊問審査官と皮肉る。その類に遭遇すると、宗教裁判のガリレオ的状況に追い込まれる。「動いているのは太陽で、地球は不動です」と書き直しをするか、他の雑誌に投稿先を変更するしかない。

査読者とのコミュニケーションがうまく取れる場合、査読を受けることは楽しいコラボレーションになる。ドイツ鳥学誌での査読は簡単ではなかったけれど、楽しかった。他者の脳回路ではこのようにも理解されるのかと気づかされたり、形態と気候要因の関係を論ずる上での新手法の導入を勧められたりした。結果として、論文は査読を経て改良された。そのように査読がうまく運ぶ原因は、査読者の力量と人間性にあると思う。自己の判断や理解を高圧的に押しつけるのでなく、投稿者の人格を認めて著者と共同作業をしようという姿勢が査読者には欠かせない。謝辞の部分に匿名の査読者への感謝を形式として嫌々書くのでなく、心をこめて書き込めたのは幸せであった。

ところで、第二三次南極地域観測隊員忠鉢繁の名前は知らなくても、オゾンホールを最初に発見したのは日本人だったらしいということは多くの人が知っている。なぜ、オゾンホールの発見でノーベル賞を受賞したのが彼でなく、後発のローランド教授になったのだろうか。少なくとも共同で受賞できて当然なのに。

この疑問を解きたくて、日本極地研究振興会のウェブサイトに掲載されている忠鉢の「南極オゾンホールの発見　最初の出会い」を読んだ。ローランドはフロンガスによるオゾン層の破壊に警鐘を鳴らした点が受賞の決め手になったことが浮かんできた。忠鉢はオゾン濃度の異常低下を報告するのに留まり、その原因物質の推定やオゾンホールによる環境問題の考察はしていないらしい。ノーベル賞選考委員は忠鉢の業績を、単なる観測屋としてしか評価しなかったのではないだろうか。忠鉢がもっと果敢にオゾン濃度の低下の原因を論文の考察部分で展開していたら、ローランドとの共同受賞になったと思われる。大胆さと踏み込みが不足したために、後から来たローランドという鳶にノーベル賞という油揚げをさらわれてしまったのだ。

もしかすると彼の論文、投稿段階の原稿では原因物質やら環境問題について触れていたのかもしれない。しかし日本人のあらかたの査読者はそのような議論を好まない。結果に局限した議論を是とする傾向がある。踏み込んだ考察を書き込むと条件反射的にover speculationのイエローカードを切るのだ。従わないとレッドカードが切られて却下判定、投稿論文はオシャカとなる。忠鉢は異端訊問審査官的な査読者からレッドカード（焚刑判決）をちらつかされて、勇敢な議論を取り下げたのではないだろうか。そうだとしたら、「戦犯」は査読者であったということになる。

もう一つの可能性は、日本の高等教育機関での「薫陶」、就職先の気象庁の「空気」により忠鉢が大胆な議論を避けたというものである。過剰に自己検閲をして、慎重に事実に限定して発表するような習性を身につけていたのかもしれない。忠鉢がどんな原稿を投稿したかは本人しか知らない。

エピローグ　ハシボソガラスのサクセス・ストーリー

ハシボソガラスはワタリガラスと同様に広域に分布し、カラスの世界では一番の成功者である。ユーラシア大陸の上半分、西の端のイギリス、スペインから東の端の樺太、日本まで旧北区と呼ばれる生物地理区を完全制覇している。ほぼ同じ頃にカラス科の系統樹から分かれたハシブトガラスと比較することで、汎ユーラシア種になれた秘密を窺ってみよう。

ハシボソガラスは北極海に面する海岸部にまで進出しているのに、ハシブトガラスがその分布域を樺太以北に拡大できなかったのは何故だろうか？　宮崎学の撮影した二枚の写真にヒントがある（口絵）。生まれた直後、ハシボソガラスの雛はダウンにくるまれているのに、ハシブトガラスの雛は丸裸である。ハシボソガラスの雛の体の基本設計は寒冷気候に適応できるように進化したのに、ハシブトガラスは「原産地」のままの温暖ないしは高温対応設計にとどまっているのだと思う。

ハシボソガラスの北東アジアにおける繁殖北限は北極圏を越えてチュコト自治管区、北緯七〇度にまで及んでいる。ハシブトガラスより、距離にして一〇〇〇キロ以上も北で繁殖しており、気温に換算すれば六度も低い環境でハシボソガラスは繁殖が可能である。孵化直後から雛がダウンを羽織っているだけでなく、繁殖生態でもハシボソガラスは北方の環境に強い。低い木にも巣を架けるし、地上にも巣を作る。さらに巣の構造でもハシボソガラスは素晴らしい寒冷対応のイノベーションに成功した。後藤三千代は山形県で電柱営巣していた巣を解体して構造を分析し、産座の下の基盤部が土蔵造りになっていることを発見した（『カラスと人の巣づくり協定』築地書館より）。なんと土を主材に細かく裂いた杉皮、藁、草茎、根を混ぜ込んでいた。巣の下から吹き上がる冷たい隙間風を遮断できる。この基盤部は外壁や外郭よりも断熱効果も高く、熱容量も大きい。寒冷なステップや疎林の混じったフォーリストステップでも繁殖が可能になるような工夫が、これからも発見されるだろう。ハシブトガラスにはこのような芸当はできないらしく、分布の北限は樺太北部までだった。地球の温暖化の影響なのかマガダンでの繁殖が報告されるようになったが、それでも北緯六〇度が限界である。

カラスの進化は東南アジアからオーストラリアにかけての熱帯から亜熱帯で起きたというのが通説である。原産地からユーラシア大陸に進出したカラスが分布域を拡大するとなると、ヒマラヤ山脈とチベット高原に遮られて二つのルートに分かれる。南回りにインド経由で西進すると、アフガニスタンからイランにかけての急峻な山脈、高原、砂漠で行き止まりになる。北回りは中国、朝鮮、満州、沿海州と北上できるが、西に転身するのはモンゴル高原、ヤブロノヴイ山脈、スタノヴォイ山脈が障壁になっている。その西には更に数千キロも隙間なしに高山、高原、砂漠が広がっている。北進したカラスが中央ユーラシアに進むには二つのルートがあると私は思っている。スタノヴォイ山脈の南側をアムール川に沿って西進し、バイカル湖から西シベリア低地に出て中央ユーラシアに至るルート、このルートの三分の一地点チタまでハシブトガラスが進んでいる。もう一つはスタノヴォイ山脈の北回りで、中央シベリア高

分布を広げるには先ず東南アジアに進出し、次に2ルートに分かれてユーラシア大陸を南回り、北回りで進む必要があった。点線で囲った地理的障壁を避けて中央ユーラシアに到達したハシボソガラスは、北回りで北上して寒冷適応をはたしたあと、北極圏を西進したのだろう。

原に出てから西シベリア低地を経て中央ユーラシアに至るルートである。

そこまで行けば低いウラル山脈を越えるなり、南側のカスピ海沿岸低地を迂回するなりで東ヨーロッパ平原に辿りつく。このルートの植生はタイガ、ステップ、フォーリストステップが優勢で、気温も低い。ハシブトガラスには耐え難い植生と気候である。しかし、ハシボソガラスはこれらの地域にも生息している。

最終氷期が始まる前に、ハシボソガラスが低温とフォーリストステップ対応を身につけていたと仮定しよう。氷期が始まった時、中央シベリア高原より西に生息していたハシボソガラスは中央ユーラシア方向に避寒地を求めた可能性が高い。現在でも、ノボシビルスク周辺のカラスは、カザフ高原の南、アルマティに冬季の渡りを行っている。中東からトルコも現在とは別の気候だったので、避寒地になりえた。そこにはスカンジナビアの大陸氷床の拡大で北欧や東欧から逃げ出したものも合流していた可能性が高い。ハシボソガラスでは複数の避寒地が、地理的に隔離して存在したと仮定するのが自然である。西の方から見れば、スペイン・モロッコ、パレスチナ・レバノン、カスピ海南岸、朝鮮半島南部・日本は有望な避寒地であろう。

まっ黒なハシボソガラスがズキンガラスに変身したのは、中央ユーラシアの避寒地での出来事であったと私は考えている。地理的な隔離が別種まで進む前に氷期が終わったので亜種のレベルで分化が止まった。交雑可能だから、北方への展開過程で二亜種の交雑が起きた。遺伝子のうちで適応に関係がないものは自然選択されることなく、二亜種の分布境界線より遥か遠くまで浸透してゆく可能性を持っている。ところが、羽色のようなものはつがい相手を選ぶ時に自然選択がかかるので、狭い交雑帯が維持される。そのゾーンを越えて交雑個体が分布域を拡げることを制限する生態的仕組みが、欧州のハシボソガラスの交雑帯ではよく研究されている。

シベリア東部やサハリン北部のハシボソガラスから、西のハシボソガラスと同じミトコンドリアDNAが発見された。現在、チュコト半島、カムチャツカ半島、マガダンなどに生息しているハシボソガラスは中央ユーラシアの避寒地から、最終氷期の後になって東方に展開したものであろう。さらには地理的に狭い範囲に閉じ込められている沿海州、サハリン、朝鮮、日本のハシボソガラスは氷期に南に逃れた連中であり、東アジアの避寒地で氷期を凌いだと考えるのが自然である。最終氷期が始まった時に南方へ撤退したハシボソガラスはガラパゴス化して、純正東方ハシボソガラスのグループになった。ミトコンドリア遺伝子型の奇妙な分布はこのように考えれば筋が通る。

以上、状況証拠に基づいてカラス二種の民族大移動を考察してみた。十万年を超える時間とユーラシア大陸全域という広大な空間を舞台にした歴史劇である。この法螺噺に乗せられて、「いっちょう、勝負(検証)してやろう」と山師っ気を出す者はいないだろうか？　十年前、樺太北部に交雑帯があるだろうという予測を真に受けて、清水の舞台から飛び降りたお馬鹿さんがいたのだが。

論文で使用した五枚の図表

この書はバーンド・ハインリッチの『ワタリガラスの謎』のように、研究過程と成果をノンフィクション小説の形式で著した。ハインリッチは図・表・数式は本文の中に含めず、最後にまとめて「証拠の図表」として紹介している。カラスが好き、鳥が好き、生物が好きな人たちだけでなく、より広い人々に読んでもらうための工夫であろう。

私の研究の成果は巻末の「発表論文・著作リスト」にある№.11、12、13、14の四本の論文に収められている。いずれも専門誌に投稿した論文だが、格別難しいというものではない。これらの論文より図表を五つ精選した。オリジナルは英文だが和文に編集し直し、少し長めの説明も付けた。本文を読み終わった読者は、私のハシブトガラス研究の全体像が頭の中に入っている。だから、図・表・数式に苦手意識を持っている人でも、意外と分かりやすいものであることを体験できるだろう。個々の図表は単独では価値を持たないが、他と組み合わされることで全体像を構成できる。五枚の図表を読むことで、全体像を再構成してほしい。

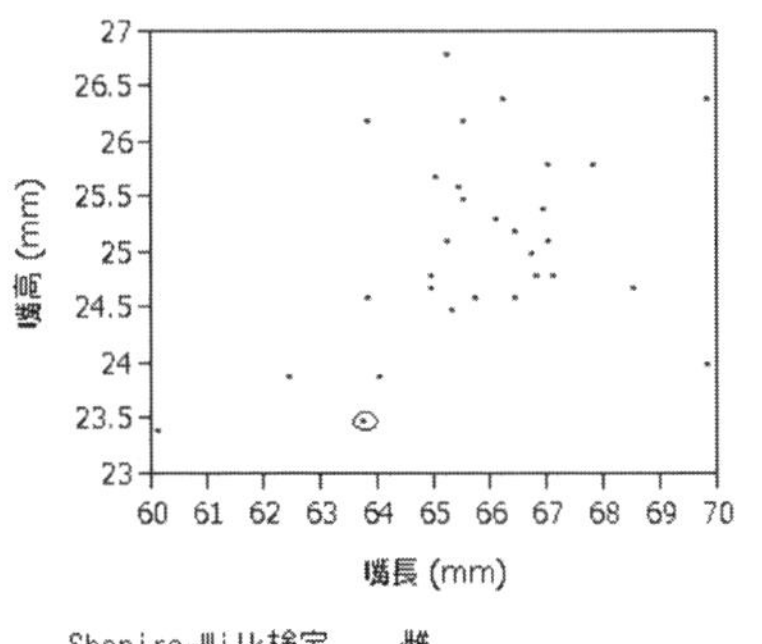

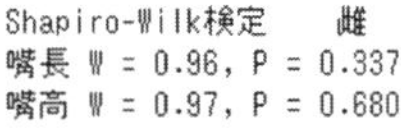
Shapiro-Wilk検定　雌
嘴長 W = 0.96, P = 0.337
嘴高 W = 0.97, P = 0.680

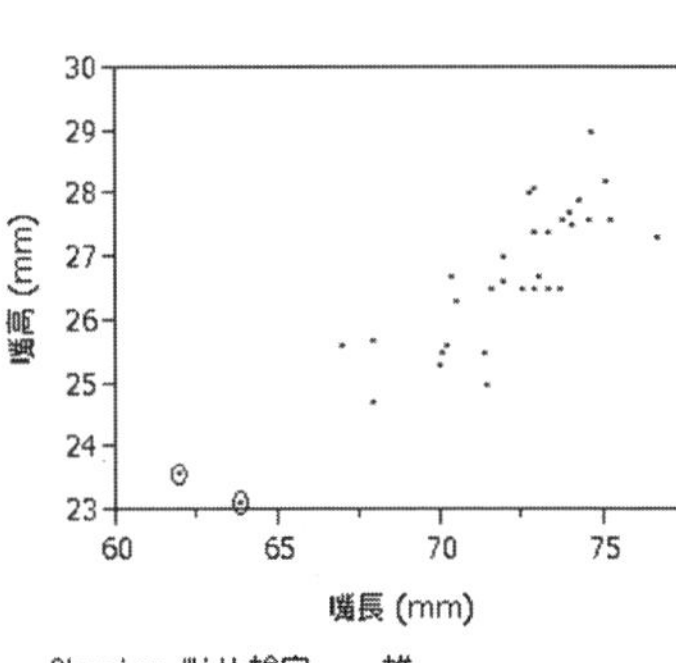

Shapiro-Wilk検定　雄
嘴長 W = 0.88, P = 0.002
嘴高 W = 0.94, P = 0.070

図表1　樺太で採集された標本の嘴の長さと高さ

ヴォーリエの亜種基準ではマンジュリカスの嘴長と嘴高はジャポネンシスよりも小さく、範囲が重複しない。横軸に嘴長、縦軸に嘴高を配した散布図に標本をプロットした。雄の場合なら左下隅の二つのプロットはマンジュリカス、雌では曖昧ながら左下隅の一つのプロットがマンジュリカスということになる。雄の散布図では嘴長、嘴高ともに二亜種の境界線を簡単に引ける。しかし、雌の場合には恣意的にしか境界線が引けない。この曖昧さは我慢ならない。

○で囲ったのは後日、多変量解析という統計分析で外れ値と判定された標本である。雄ではヴォーリエの基準からの推定と一致したが、雌では一致しなかった。嘴長と嘴高の二形質だけで亜種を分けるより、嘴と頭蓋からより多くの形質を用いて亜種を区分したほうが精度は高くなる。

樺太標本が一つの集団（一亜種）から構成されているなら嘴長や嘴高は正規分布（ベル型で左右対称）を示すはずである。雌雄それぞれの正規性を検証した。すると、雄の嘴長で$P<0.05$となって正規性が否定され、嘴高で否定されなかった。雌ではいずれも正規性が否定されなかった。雄の嘴長に限って言えば二つの集団（二亜種）から構成されている可能性がある。しかし、雄の嘴高や雌の嘴長と嘴高は一つの集団（一亜種）から構成されていると主張している。ちぐはぐな結果である。このような結果を導き出した原因は少数の小柄なカラスだった。それらは、間宮海峡沿岸部や大陸の内部で生まれて、亜成鳥の頃に樺太に移住してきたものたちであると私は考えている。

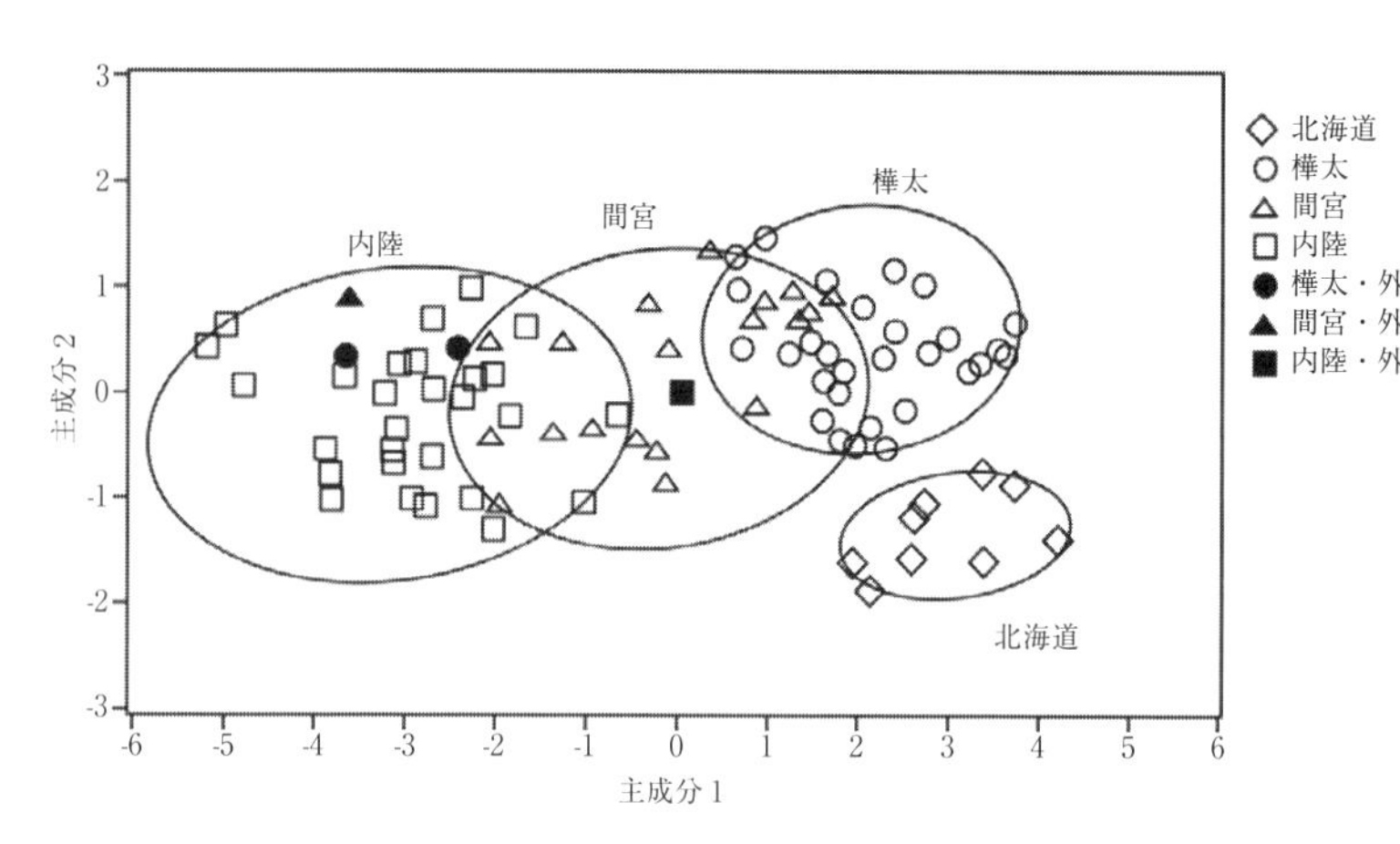

図表2　北東アジアで採集されたカラス標本の地域間比較

北海道、樺太、間宮海峡の大陸側沿岸、内陸のウスリー川とアムール川流域の四地域で採集されたカラスの頭骨を計測した。計測された諸形質の中から八形質を使い主成分分析を行い、スコア・プロットを描いた。八形質とは、頭蓋長、頭蓋高、頭蓋幅、頭蓋と嘴の接合部分の幅、嘴長、嘴高、嘴幅、下顎側面長である。横軸に主成分1を、縦軸に主成分2を配している。それぞれの楕円は各地域の標本の95％を含む。雌雄で同一傾向だったので、雄のみを示した。

主成分1は頭骨の全体的な大きさを表し、右へ行くほどすべての形質が大きくなった。主成分2は頭骨の形状を表し、上に行くほど頭蓋から接合部までの四形質が大きくなり、嘴から下顎側面長までの四形質が小さくなった。

95％楕円の配置から、二つの特徴が読み取れる。極東ロシアの三地域群の楕円が一部で重なりつつ水平方向に並んでいること、右端の樺太より下側に北海道が位置していること。この布置が意味するものは何か？　極東ロシアの三地域群は同一の体のデザインを共有し、サイズが内陸から、海峡沿岸部、そして樺太と東に向かうにつれて大きくなること（経度クライン）を示している。また、樺太と北海道はサイズではほぼ同じだが、体のデザインが異なることを明かしている。樺太は亜種マンジュリカス、北海道は亜種ジャポネンシスということである。

９５％確率楕円から大きく外れているものは外れ値と呼ばれる。雄についての図では●が二つある。凡例には樺太・外と書いている。これが樺太の小さなハシブトガラスである。小さいというのはプロットされている位置が樺太の楕円からずっと左に離れていることから理解できる。それら二つは内陸の楕円内にあるから、ウスリー川やアムール川流域では普通のサイズのハシブトガラスなのである。最小限の仮説で説明しようとするなら、「これらの二個体は内陸部で生まれ育ち、亜成鳥期に故郷を離れて放浪し樺太に到着し、ここで捕獲された」ということになる。ネチャエフがこれらに相当するハシブトガラスをマンジュリカスであると判断したのは正しかった。しかし、先行研究者で鳥類学の大御所ヴォーリェが樺太のハシブトガラスはすべてジャポネンシスだと主張していたので、他の大多数の大きなカラスはジャポネンシスだと考えてしまった。

雄	北海道		北/樺	樺太		間宮		内陸		奥地	
	P/O	%	検定	P/O	%	P/O	%	P/O	%	P/O	%
	(n = 9)			(n = 34)		(n = 19)		(n = 16)		(n = 18)	
眼窩上孔	6/9	67	ns	24/33	73	9/18	50	10/16	63	8/18	44
仕切り	6/9	67	*	7/34	21	7/19	37	4/14	29	10/17	59
総耳管小孔	0/9	0	***	30/31	97	17/17	100	16/16	100	18/18	100

Pは特徴が認められた標本数、Oは観察した標本数、PをOで割ったP/Oは出現率。
Fisherの正確確率検定で、nsでは違いが認められない、*と***では認められた。

図表3　頭骨小変異の出現率を隣接地域間で比較

頭骨小変異の出現率を北海道、樺太、間宮海峡の大陸側沿岸部、アムール川中流域とウスリー川流域の内陸部、アムール川上流の奥地の五地域について求め、隣接地域間で出現率に有意差が認められるか否かを調べた。ロシア側の四地域間では有意差がなかった。有意差が認められたのは北海道と樺太の間だけであった。

遺伝的背景が濃厚な小変異で得られた結果は、北海道とロシア四地域が別系統に属していることを示している。北海道にはジャポネンシス、ロシアにはマンジュリカスが生息し、二亜種は宗谷海峡で隔てられているのである。

雌雄ともに同一の傾向を示していたので、雄のみを提示した。

雄	北海道	北/樺	樺太	樺/間	間宮	間/内	内陸
	(n = 10)	検定	(n = 33)	検定	(n = 22)	検定	(n = 31)
頭蓋長	45.3 ± 1.2	n.s.	45.2 ± 1.1	*	44.5 ± 1.0	**	43.1 ± 0.9
嘴長	48.0 ± 1.4	**	42.0 ± 2.6	**	39.5 ± 2.3	**	37.2 ± 2.1
嘴高	28.1 ± 0.7	**	26.6 ± 1.3	**	24.4 ± 0.8	**	22.7 ± 1.1
横顔	0.58 ± 0.01	**	0.63 ± 0.02	n.s.	0.62 ± 0.04	n.s.	0.61 ± 0.04
体重	789 ± 30	**	884 ± 62	**	778 ± 51	**	654 ± 58

n は標本数。横顔とは嘴高を嘴長で割った値で、大きいとズングリした感じ、小さいとスリムな感じになる。隣接地域間の違いを Tukey-Kramer HSD 検定で確かめた。n.s. では違いが認められず、*と**では認められた。

図表4　頭骨の測定値を隣接地域間で比較

北海道と樺太の間では体重と嘴の形態で著しい差異が認められる。寒冷気候への対応で、樺太側では体重が重く、嘴は小さく、横から見るとズングリした感じである。ベルクマン・アレンの規則に合致している。これは両地域の個体群の祖先集団が、最終氷期が始まった八万年前から隔離されてきた歴史を反映している。

ロシア側の三地域間では、頭蓋でも、嘴でも、体重でも差異が認められた。体のサイズが内陸から樺太に向かうにつれて大型化している。差異がないのは横顔で、地域間で差が認められなかった。すべてのパーツが係数倍されているなら当然のことである。

雌雄ともに同一の傾向を示していたので、雄のみを提示した。

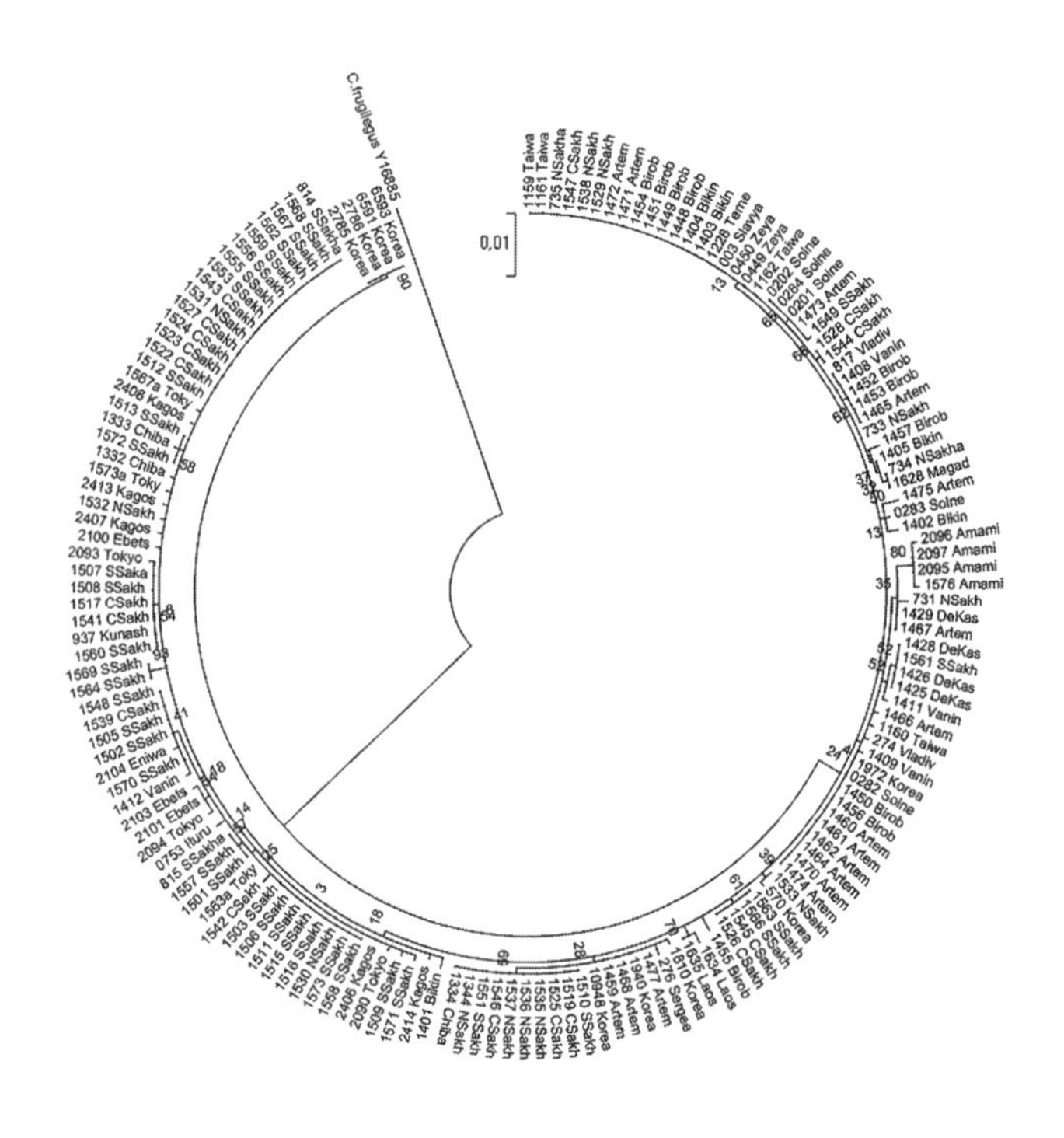

図表5　mt-DNAの系統図上では「若い種」のように見える

ミトコンドリアDNAの系統図をKryukov et al (2012) より示す。ハシボソガラスは種内の各グループの分岐が深く明瞭なのに、ハシブトガラスでは分岐が浅く不明瞭である。分岐点の数値はそれぞれの分岐の信頼性を示していて、一〇〇なら完全に信頼でき、〇なら全くあてにならないと思ったらよい。どのくらいなら信頼して良いかといえば八〇以上くらいか。

ハシボソガラスは種内の各グループの隔たりが大きいので歴史のある古い種のように見える。これに対してハシブトガラスでは隔たりが無いに等しく、歴史の浅い若い種のように見える。済州島の四試料だけが明瞭に別グループであることを示しているが、島嶼によくあるボトルネック効果であろう。済州島は対馬より少し大きな島で、朝鮮半島と広い海峡で隔離されている。隔離された小さな島嶼では個体数の変動が大きく、極端に減少した時に遺伝子構成の大きなふらつきが固定されやすい。済州島を除けば九〇を超えるような分岐グループは存在しない。

ところが、ハシブトガラスがカラス属の他の仲間と分岐した年代は古く、ハシボソガラスと大差はない。アムール川上流域から樺太、そして環日本海地域と広域に分布し、海峡で分断されているのに、分岐が浅い。「若くないのに、若く見える」という奇妙さ。この原因は更新世に繰り返された気候変動である。氷期の時に避寒地に集められて遺伝子の交換が自由に行われ、間氷期に拡散して各地域群が遺伝子変異を蓄える。シシュフォスが谷底から巨石を押し上げて山の頂近くまでたどり着くと、神が巨石を蹴り落とす。再び谷底に戻って山の頂を目指して巨石を押し上げる。シシュフォスと同じことをハシブトガラスは更新世を通じて行ってきた。

謝辞

一昨年の年の瀬、ある学術誌の電子版に最後の論文がアップロードされたのを確かめて、私はカラスをめぐる冒険に終止符を打った。四十路を前に生物学を学び始めて三十一年が過ぎていた。研究対象をカラスに絞りこんでから二十七年が経った。高校でも、大学でも生物を学んでいない素人だったが、「カラスを研究してきました」と胸を張って言い切れる水準に到達できた。それは才能とか、努力のせいではなく、天地人に恵まれていたからだと思う。

天の時、地の利は省略して、人の和を記す。研究を始めた頃の関西にはアマチュアに好意的なプロの研究者が多く、京都大学の江崎保男、大迫義人、須川恒、大阪市立大学の山岸哲、上田恵介、浦野栄一郎、米田重玄、堀田伸昌らからの支援を得ることができた。京都伏見の森林総研関西支所には日野輝明がいた。日本鳥学会近畿地区懇談会の存在も有難かった。こうしたプロがアマを支援する伝統は、信州大学の羽田健三に由来しているらしい。信州大学の中村浩志からは、無双網によるカラス捕獲の直伝を受けることができた。

北辺のカラスを追うようになった時も恵まれていた。血縁者の鉄之助、正明、龍次はロシアに縁のある人だったが故人だったので、樺太に向かおうとした時点で頼れる人はゼロであった。しかし、運よく次々と人の和が生まれた。ハンターのイリヤ・ボヤルキン、北海道大学の鈴木仁、北海道立総合研究機構の玉田克巳、ロシア科学アカデミーのビターリィ・ネチャエフとアレクセイ・クリュコフ、ロシア語講師のアリョーナ・ゴヴォルノワ、ウラジオストク在住のリュードミラ・ロマキナ、大阪市立自然史博物館の和田岳、山階鳥類研究所の山崎剛史たちから各様の支援を得ることができた。

フランケンシュタイン的好奇心から少なからずのカラスを殺生した。不幸な巡り合わせで銃弾の犠牲になったカラス達の冥福を心から祈りたい。三本の論文とこの本の出版には、カラスへの供養という思いがある。

私のカラスをめぐる冒険が首尾よく終わることができたのは家族のお蔭だった。水や空気やお天道様のような存在で、るり子、祥子、まやがいなかったら研究は続けられなかったと思う。

この書が築地書館から出版されることになったのは、鳥類研究者にして翻訳家の黒沢令子の橋渡しがあったからである。社長の土井二郎からは構成全般で貴重な助言を受けることができた。動物写真家の宮崎学には、巣雛の画像の使用許可を戴いた。

本書では登場人物は姓名だけにとどめ、肩書や敬称はつけなかった。諸行無常、肩書や敬称はうつろい易いものと考えているので。

中村純夫

二〇一八年八月

発表論文・著作リスト

1 中村純夫 1997. ハシボソガラス *Corvus corone* における幼鳥の独立過程　山階鳥類研究所研究報告 29：57-66.

2 中村純夫 1998. ハシボソガラスのなわばり防衛　日本鳥学会誌 46：213-223.

3 中村純夫 2000. 高槻市におけるカラス2種の営巣環境の比較　日本鳥学会誌 49：39-50.

4 中村純夫 2002. 給餌場を利用するカラスの個体数の季節的変動　*STRIX* 20：149-152.

5 中村純夫 2003. カラスの季節ねぐら　いつ、どこに、どれだけ　*STRIX* 21：177-185.

6 中村純夫 2004a. カラスの季節ねぐら　ねぐらの成立・消滅と最低気温　*STRIX* 22：125-133.

7 中村純夫 2004b. 大阪におけるカラスの帰塒前集合の動態　日本鳥学会誌 53（2）：77-86.

8 中村純夫 2005. カラスの季節ねぐら　就塒行動の季節変化　*STRIX* 23：65-74.

9 中村純夫 2006a. カラスのねぐら内部の気温比較　*STRIX* 24：183-186.

10 中村純夫 2006b. カラスの季節ねぐら　ねぐらの近接分裂　*STRIX* 24：57-67.

11 Kryukov A. Spiridonova L., Nakamura S., Haring E., Suzuki H. 2012. Comparative phylogeography of the two crow species：Jungle Crow *Corvus macrorhynchos* and Carrion Crow *Corvus corone*. *Zool. Sci.* 29：484-492.

12 Nakamura S. & Kryukov A. 2015. Phenetic analysis of skull reveals difference between Hokkaido and Sakhalin populations of the Jungle Crow *Corvus macrorhynchos*. *Russian J. Ornithology* 24：1845-1858.

13 Nakamura S. & Kryukov A. 2016. Postglacial colonization and diversification of the Jungle Crow（*Corvus macrorhynchos*）in its north-eastern frontier as revealed by morphological analysis. *Journal of Ornithology* 157（4）：1087-1101.

14 Nakamura S. 2016. Male-biased latitudinal cline of Jungle Crows on Sakhalin Island. *Acta zoologica cracoviensia* 59（2）：177-189.

15 『カラスの自然史』樋口広芳・黒沢令子編著　北海道大学出版会　二〇一〇。第十一章　集団ねぐらから見たカラス社会の二重構造　pp.162-184. を執筆担当

16 BIRDER 2012. August 特集「鳥たちの夜の世界」カラスはねぐらで何をしているのか？　pp.36-37. を執筆担当

索　引

・地名についてはルート地図に載っていない名称のみを取り入れた
・複数個所で出現している項目では、詳しい記載のある頁を太文字で示した

【著者紹介】

中村純夫（なかむら　すみお）

1947年生まれ。埼玉県比企郡武州松山町（東松山市）出身。

静岡大学理学部物理学科卒業。オリンパス光学工業の研究開発部で3年間、光学系のデザインに従事した後、大阪府立高校教員に転職。

38歳の時に生物学を志し、42歳でカラスの生態・行動の研究を開始。ハシボソガラスのなわばりを検証した論文で、日本鳥学会奨学賞を受賞。59歳で早期退職し、北方のハシブトガラスの進化・分布の研究にとりかかる。

極東ロシアへ3度の遠征をし、カラスの頭骨標本とDNA解析試料を得て、ロシア科学アカデミーのA・クリュコフと共同研究を進め、ハシブトガラスの10万年史を明らかにした。

謎のカラスを追う
頭骨とDNAが語るカラス10万年史

2018年12月6日　初版発行

著者　中村純夫
発行者　土井二郎
発行所　築地書館株式会社
東京都中央区築地7-4-4-201　〒104-0045
TEL 03-3542-3731　FAX 03-3541-5799
http://www.tsukiji-shokan.co.jp/
振替 00110-5-19057
印刷・製本　シナノ印刷株式会社
装丁　秋山香代子（grato grafica）

ISBN 978-4-8067-1572-6